TURING 图灵程序设计丛书

MySQL
必知必会

[美] 本·福达（Ben Forta）—— 著　　　　刘晓霞　钟鸣 —— 译

第2版

MySQL
CRASH COURSE
Second Edition

U0262305

人民邮电出版社
北　京

图书在版编目（CIP）数据

MySQL 必知必会 / （美）本·福达（Ben Forta）著；
刘晓霞，钟鸣译. -- 2 版. -- 北京 : 人民邮电出版社，
2024. --（图灵程序设计丛书）. -- ISBN 978-7-115
-65188-4

Ⅰ. TP311.138

中国国家版本馆 CIP 数据核字第 2024X30X84 号

内 容 提 要

    MySQL 是世界上颇受欢迎的数据库管理系统。本书从简单的数据检索开始，逐步深入讲解一些复杂的内容，包括子查询、连接的使用、全文搜索、存储过程、游标、触发器、数据库维护，等等。本书重点突出、条理清晰，系统而扼要地让你学到应该学到的知识，使你在不经意间"功力大增"。第 2 版基于 MySQL 8 进行了全面修订。

    本书注重实用性，操作性很强，适合数据库的初学者学习和广大软件开发及管理人员参考。

◆ 著　　　[美] 本·福达（Ben Forta）
　　译　　　刘晓霞　钟　鸣
　　责任编辑　张海艳
　　责任印制　胡　南

◆ 人民邮电出版社出版发行　　北京市丰台区成寿寺路11号
　　邮编　100164　　电子邮件　315@ptpress.com.cn
　　网址　https://www.ptpress.com.cn
　　三河市中晟雅豪印务有限公司 印刷

◆ 开本：880×1230　1/32
　　印张：8.5　　　　　　　　2024年10月第2版
　　字数：270千字　　　　　　2024年10月河北第1次印刷
　　著作权合同登记号　图字：01-2024-3861号

定价：59.80元
读者服务热线：(010)84084456-6009　印装质量热线：(010)81055316
反盗版热线：(010)81055315
广告经营许可证：京东市监广登字 20170147 号

前　　言

　　MySQL 是世界上颇受欢迎的**数据库管理系统**（DBMS）。无论是用于小型开发项目，还是用来构建那些声名显赫的网站，MySQL 都证明了自己是一个稳定、可靠、快速且可信的系统，足以满足任何数据存储业务的需要。

　　本书基于我的一本畅销书 *Sams Teach Yourself SQL in 10 Minutes*（中文版《SQL 必知必会》，人民邮电出版社出版），该书堪称全世界用得最多的一本 SQL 教程，重点讲解读者必须知道的东西，条理清晰、系统而扼要。但是，即使是这样一本广为使用的成功的书，也存在以下局限性。

- ❑ 由于要面向所有主要的 DBMS，我不得不把针对具体 DBMS 的内容一再压缩。
- ❑ 为了简化 SQL 的讲解，我必须（尽可能）只介绍主要的 DBMS 都通用的 SQL 用法，而放弃介绍某些 DBMS 特有的且更优雅的 SQL 用法。
- ❑ 虽然基本的 SQL 在不同的 DBMS 间具有较好的可移植性，但是高级的 SQL 显然不是这样的。因此，该书无法详细讲解比较高级的内容，比如触发器、游标、存储过程、访问控制、事务等。

　　于是就有了本书。本书沿用了《SQL 必知必会》业已成功的教程模式和组织结构，除了 MySQL，不在其他内容上过多纠缠。本书从简单的数据检索开始，逐步深入讲解一些复杂的内容，包括子查询、连接的使用、全文搜索、存储过程、游标、触发器、数据库维护，等等。本书重点突出、条理清晰，系统而扼要地让你学到应该学到的知识，使你在不经意间"功力大增"。

　　当你从第 1 章开始学习时，你将立刻体会到 MySQL 提供的所有好处。

读者对象

　　本书适合以下读者：

- □ 没有学过 SQL；
- □ 刚开始使用 MySQL，并希望一举成功；
- □ 希望快速学会并熟练使用 MySQL；
- □ 希望学习怎样在自己的应用程序开发中使用 MySQL；
- □ 希望通过使用 MySQL 轻松快速地提高工作效率，而不用劳烦他人帮忙。

配套网站

　　本书有一个配套网站，网址是：http://forta.com/books/0138223025/。

　　读者可以通过该网站访问如下内容：

- □ 用来创建书中使用的样例表的文件；
- □ 大多数章末挑战题的答案；
- □ 在线勘误[①]。

本书约定

　　本书使用不同的字体区分代码和一般正文内容，对于重要的概念也采用特殊的字体。

　　输入的文本和屏幕上显示出的文本用等宽代码字体表示，比如"It looks like this to mimic the way text looks on your screen"。

　　变量和表达式以等宽斜体表示，你可以用具体的值替换它们。

① 也可到图灵社区本书主页 ituring.cn/book/3383 提交中文版勘误。——编者注

说明：表示跟上下文内容相关的一些有意思的信息。

 提示：提供建议，教读者用容易的办法完成某项任务。

 注意：向读者提示可能出现的问题，避免不必要的麻烦。

 新术语：提供新的基本词汇的清晰定义。

插图版权

图 3-1~图 3-5 的版权归甲骨文公司所有。

输入　表示读者自己输入的代码，通常出现在程序清单的旁边。

输出　表示运行 MySQL 代码后得到的结果，通常出现在程序清单之后。

分析　告诉读者这是作者对输入或输出的逐行分析。

致　谢

感谢培生出版团队多年来对我的支持、奉献和鼓励。过去 25 年来，我们一起出版了 40 多本书，但到目前为止，《SQL 必知必会》仍然是我最喜爱的作品。感谢出版社给了我极大的创作自由，让我把书写成我认为合适的样子。

说到《SQL 必知必会》，该书涵盖了 MySQL 以及所有主要的 DBMS，但它没有对 MySQL 真正独特的功能进行深入研究。作为一本衍生图书，本书是应读者对 MySQL 特定内容的大量需求而写的。感谢你们的推动。希望本书不辜负你们的期望。

感谢成千上万的读者对本书第 1 版提供的反馈。幸好大多数意见对我表示了肯定，我感谢所有提出意见的人。作为回应，第 2 版做了相应的改进和增补。欢迎大家继续提出宝贵意见。

我写作是因为我热爱教学。虽然没有什么能比得上课堂上的实践教学，但是将这些课程转化为可以被广泛阅读的图书，让我有机会扩大了我的教学范围。因此，当看到数百所学院和大学将这些 SQL 图书作为其 IT 和计算机科学课程的教材或参考书时，我感到非常欣慰。能够以这种方式被教授和老师们所接纳，对我是极大的鼓励，也让我诚惶诚恐，对此信任我深表谢意。

最后，感谢购买了本书及系列书（被翻译为十几种语言）的近 100 万读者，你们使它们不仅成为我的畅销系列，也成了 SQL 方面最畅销的书。你们持续的支持是对我的最高赞美。

——本·福达

目 录

第 1 章

了解 SQL

本章将介绍数据库和 SQL，它们是学习 MySQL 的先决条件。

1.1 数据库基础

如果你正在阅读本书，那就表明你需要以某种方式与数据库打交道。在深入学习 MySQL 及其 SQL 语言的实现之前，你应该对数据库及数据库技术的某些基本概念有所了解。

你可能还没有意识到，其实你一直在使用数据库。每当你从自己的电子邮件地址簿里查找名字时，你是在使用数据库；每当你在手机上浏览联系人时，你是在使用数据库；每当你在互联网搜索网站上进行搜索时，你是在使用数据库。每当你在工作中登录网络时，你也需要依靠数据库验证自己的名字和密码。即使是在自动取款机上使用 ATM 卡，也要利用数据库进行 PIN 码验证和余额检查。

虽然我们一直都在使用数据库，但对究竟什么是数据库并不十分清楚。特别是不同的人可能会使用相同的数据库术语表示不同的事物，所以更加剧了这种混乱。因此，我们学习的良好切入点就是给出一张最重要的数据库术语清单，并加以说明。

基本概念回顾 下面是某些基本数据库概念的简要介绍。如果你已经具有一定的数据库经验，这可以用于复习巩固；如果你是一个数据库新手，这将给你提供一些必需的基础知识。理解数据库是掌握 MySQL 的一个重要部分，如果有必要的话，你应该参阅一些有关数据库基础知识的图书[1]。

---

[1] 推荐阅读人民邮电出版社出版的由 Michael Kifer、Arthur Bernstein 和 Philip M. Lewis 合著的《数据库系统：面向应用的方法》以及由 Ramez Elmasri 和 Shamkant B. Navathe 合著的《数据库系统基础：初级篇》。——编者注

1.1.1　什么是数据库

数据库这个术语的用法很多，但就本书而言，数据库是以某种有组织的方式存储的数据集合。理解数据库的一种最简单的办法是将其想象为一个文件柜。此文件柜是一个存放数据的容器，可以容纳不同的数据内容和不同的数据组织形式。

 数据库（database） 保存有组织的数据的容器（通常是一个文件或一组文件）。

 误用导致混淆 人们通常用**数据库**这个术语来代表他们使用的数据库软件，这是不正确的，也因此产生了许多混淆。确切地说，数据库软件应称为**数据库管理系统**（DBMS）。数据库是通过 DBMS 创建和操作的容器。数据库既可以是保存在硬盘上的文件，也可以不是。在很大程度上说，数据库究竟是文件还是别的什么东西并不重要，因为你并不直接访问数据库。你使用的是 DBMS，它替你访问数据库。

1.1.2　表

就像现实生活中你将资料放入文件柜中时并不是随便将它们扔进某个抽屉一样，在数据库这个"文件柜"中，你要创建文件，然后将相关资料放入特定的文件中。

在数据库领域中，这种文件称为**表**。表是一种结构化的文件，可用来存储某种特定类型的数据，比如顾客清单、产品目录，或者其他信息清单。

 表（table） 某种特定类型数据的结构化清单。

这里关键的一点在于，存储在表中的数据是一种类型的数据或一个清单。决不应该将顾客的清单与订单的清单存储在同一张数据库表中。这样做将使以后的检索和访问很困难。应该创建两张表，每个清单一张表。

数据库中的每张表都有一个名字用来标识自己。此名字是唯一的，这表示数据库中没有其他表具有相同的名字。

 表名　表名的唯一性取决于多个因素，比如数据库名和表名的结合。这表示，虽然在相同数据库中不能两次使用相同的表名，但在不同数据库中可以使用相同的表名。

表具有一些特性，这些特性定义了数据在表中如何存储，比如可以存储什么样的数据、数据如何分解、各部分信息如何命名，等等。描述表的这组信息就是所谓**模式**。模式可以用来描述数据库中特定的表以及整个数据库，甚至数据库中表之间的关系（如果有的话）。

 模式（schema）　关于数据库和表的布局及特性的信息。

 是模式还是数据库？　有时，**模式**用作数据库的同义词。遗憾的是，模式的含义通常在上下文中并不是很清晰。在本书中，**模式**指的是上面给出的定义。

1.1.3　列和数据类型

表由列组成。列中存储着表中某部分的信息。

 列（column）　表中的一个字段。所有表都是由一列或多列组成的。

理解列的最好办法是将数据库表想象成一个网格。网格中的每一列存储着一条特定的信息。例如，在顾客表中，一列存储着顾客编号，另一列存储着顾客名称，而地址、城市、州以及邮政编码全都存储在各自的列中。

 分解数据　正确地将数据分解为多列极为重要。例如，城市、州和邮政编码应该总是独立的列。只有把它们分解开，才有可能利用特定的列对数据进行排序和过滤（比如找出特定州或特定城市的所有顾客）。如果城市和州组合在一列中，则按州进行排序或过滤会很困难。

数据库中的每一列都有相应的数据类型。数据类型定义了列可以存储的数据种类。如果列中存储的是数值（或许是订单中的物品数），则相应的数据类型应该为数值类型。如果列中存储的是日期、文本、注释、金额等，则应该用恰当的数据类型规定出来。

 数据类型（datatype）　所容许的数据的类型。每一列都有相应的数据类型，用于限制（或容许）该列中存储的数据。

数据类型限制可存储在列中的数据种类（例如，防止在数值字段中录入字符值）。数据类型还可以帮助正确地排序数据，并在优化磁盘使用方面起重要的作用。因此，在创建表时必须对数据类型给予特别关注。

1.1.4　行

表中的数据是按行存储的，所保存的每个记录存储在自己的行内。如果将表想象成网格，那么网格中垂直的列为表列，水平的行为表行。

例如，顾客表可以每行存储一个顾客。表中的行数为记录的总数。

 行（row）　表中的一个记录。

 是记录还是行？　你可能听到用户在提到**行**时称其为数据库**记录**。在很大程度上，行和记录这两个术语是可以互相替代的，但从技术上说，行才是正确的术语。

1.1.5　主键

表中每一行都应该有可以唯一标识自己的一列（或一组列）。顾客表可以使用顾客编号列，订单表可以使用订单 ID 列，雇员表可以使用雇员 ID 列。

 主键（primary key）[①]　一列（或一组列），其值能够唯一区分表中每一行。

---

① 经全国科学技术名词审定委员会审定的 key 在数据库中的对应名词为"键码"或"码"，本书采用了已约定俗成的"键"，请读者注意。——编者注

　　唯一标识表中每行的这一列（或这组列）称为**主键**。主键用来表示特定的行。没有主键，更新或删除表中特定的行就很困难，因为没有安全的方法保证只涉及相关的行。

 应该总是定义主键　虽然并不总是需要主键，但大多数数据库设计人员应保证他们创建的每张表都具有一个主键，以便以后的数据操作和管理。

　　表中的任何列都可以作为主键，只要满足以下条件：

- ❑ 任意两行都不具有相同的主键值；
- ❑ 每行都必须具有一个主键值（主键列不允许 NULL 值）。

 主键值规则　这里列出的规则是 MySQL 本身强制实施的。

　　主键通常定义在表的一列上，但这并非必须，也可以一起使用多列作为主键。在使用多列作为主键时，上述条件必须应用到构成主键的所有列上，而且所有列值的组合必须是唯一的（但单列的值可以不唯一）。

 使用主键的好习惯　除了 MySQL 强制实施的规则，我们还应该遵循以下这些普遍被认可的最佳实践：

- ❑ 不更新主键列中的值；
- ❑ 不重用主键列中的值；
- ❑ 不在主键列中使用可能会更改的值。（如果使用一个名字作为标识某个供应商的主键，那么当该供应商与另一家公司合并并更改了其名字时，就必须更改这个主键。）

　　还有一种非常重要的键，称为**外键**，第 15 章将对其进行介绍。

1.2　什么是 SQL

　　SQL（发音为字母 S-Q-L 或 sequel）是结构化查询语言（Structured Query Language）的缩写。SQL 是一种专门用来与数据库通信的语言。

与其他语言（比如英语或者像 Java 或 Visual Basic 这样的程序设计语言）不一样，SQL 由很少的词构成，这是有意而为的。设计 SQL 的目的是很好地完成一项任务，即提供一种从数据库中读写数据的简单有效的方法。

SQL 具有如下优点。

❏ 不是某个特定数据库供应商的专有语言。几乎所有重要的 DBMS 都支持 SQL。所以，如果学会此语言，那么你就几乎能与所有数据库打交道。

❏ 简单易学。SQL 的语句全都是由描述性很强的英语单词组成的，而且这些单词的数目不多。

❏ 尽管看上去很简单，但实际上是一种强有力的语言。灵活使用 SQL 语言元素，我们可以进行非常复杂和高级的数据库操作。

> **DBMS 专用的 SQL** 尽管 SQL 不是专利语言，并且有一个标准委员会试图定义可供所有 DBMS 使用的 SQL 语法，但现实情况是，任意两个 DBMS 实现的 SQL 都不完全相同。本书中讲授的 SQL 是专门针对 MySQL 的，虽然书中的大多数语法也适用于其他 DBMS，但不要认为这些 SQL 语法是完全可移植的。

1.3 动手实践

本书所有章节都采用可上机运行的例子来说明 SQL 语法、它的功能是什么，以及为什么起这样的作用。强烈建议你尝试书中的每个例子，以便掌握 MySQL 的第一手资料。

此外，从第 4 章开始，大多数章在章末将增加"挑战题"，以帮助你复习和评估对 MySQL 的熟练程度。如果你想要验证答案（或者卡住了需要帮助），可以访问本书配套网站。

附录 B 描述了本书中使用的样例表，并说明了如何获得和安装它们。如果你还没有获得和安装，请在继续学习前先学习这个附录。

你需要 MySQL 显然，你需要能访问某个 MySQL 数据库，以便学习本书的内容。附录 A 说明了在何处获得 MySQL 数据库，并提供了一定的入门指导。如果你还不能访问某个 MySQL 数据库，那么在继续学习之前，请阅读该附录。

1.4 小结

本章介绍了什么是 SQL 以及它为什么很有用。因为 SQL 是用来与数据库打交道的，所以我们也复习了一些基本的数据库术语。

第 2 章

MySQL 简介

本章将介绍什么是 MySQL 以及在 MySQL 中可以使用什么工具。

2.1 什么是 MySQL

我们在第 1 章中介绍了数据库和 SQL。正如所述，数据的所有存储、检索、管理和处理实际上都是由数据库软件 DBMS 完成的。MySQL 是一种 DBMS，也就是说，它是一种数据库软件。

MySQL 已经发行很多年了，它在世界范围内得到了广泛的安装和使用。为什么有那么多的公司和开发人员使用 MySQL？原因如下。

❑ **成本**——MySQL 是开源的，通常可以免费使用（甚至可以免费修改）。
❑ **性能**——MySQL 的执行速度很快（可以说非常快）。
❑ **可信赖**——某些非常重要和有声望的公司及站点使用的就是 MySQL，它们都用 MySQL 来处理自己的重要数据。
❑ **简单**——MySQL 很容易安装和使用。

事实上，MySQL 受到的唯一真正的批评是它并不总是支持其他 DBMS 提供的功能和特性。不过，这一点正在逐步得到改善，MySQL 的各个新版本正在不断增加新特性和新功能。

2.1.1 客户端-服务器软件

DBMS 可分为两类：一类是基于共享文件系统的 DBMS，另一类是基于客户端-服务器的 DBMS。前者（包括 Microsoft Access、FileMaker 等）用于桌面用途，通常不用于高端或更关键的应用程序。

MySQL、Oracle、Microsoft SQL Server 等数据库是基于客户端-服务器的数据库。客户端-服务器应用程序分为两个部分。**服务器**部分是负责所有数据访问和处理的软件。它运行在称为**数据库服务器**的计算机上。

与数据文件打交道的只有服务器软件。关于数据、数据添加和删除，以及数据更新的所有请求都由服务器软件来完成。这些请求或更改来自运行客户端软件的计算机。**客户端**是与用户打交道的软件。如果你请求一个按字母顺序列出的产品表，那么客户端软件就要通过网络将该请求提交给服务器软件。服务器软件会先处理这个请求，根据需要过滤、丢弃和排序数据，然后再把结果送回客户端软件。

> **有多少台计算机？**　客户端软件和服务器软件可能安装在同一台或两台不同的计算机上。不管它们在不在相同的计算机上，为了进行数据库交互，客户端软件都要与服务器软件进行通信。

所有这些活动对用户都是透明的。数据被存储在其他地方或者数据库服务器正在为你执行的所有操作都被隐藏了。你不需要直接访问数据文件。事实上，大多数网络被设置成了用户无法访问数据，甚至无法访问存储数据的驱动器。

这样做意义何在？答案是，要使用 MySQL，你需要同时访问运行 MySQL 服务器软件的计算机以及向 MySQL 发布命令的客户端软件。

❑ 服务器软件是 MySQL DBMS。你既可以将它安装在本地，也可以安装到你具有访问权限的远程服务器上。

❑ 客户端可以是 MySQL 提供的工具（更多相关信息参见下文）、脚本语言（如 Python 和 Ruby）、Web 应用程序开发语言和平台（如 ASP.NET、JavaScript 和 Node.js）、程序设计语言（如 C、C++和 Java），等等。

> **基于云的 DBMS**　你可能遇到过基于云的 DBMS，这些系统是托管的数据库服务，可以通过 Web 浏览器访问。从技术上讲，基于云的 DBMS 是客户端-服务器模式的 DBMS，其中客户端是在浏览器中运行的代码。

2.1.2　MySQL 版本

稍后我们会介绍客户端工具。这里先简要介绍一下 DBMS 版本。

MySQL 的主流版本为 MySQL 8，但许多公司仍然在使用 MySQL 5（一直到 MySQL 5.7）。MySQL 6 从未完全发布，MySQL 7 则不存在。

本书是以 MySQL 8 为基础编写的，但大多数章节也适用于 MySQL 5。

 版本要求说明　如果某章针对具体某个 MySQL 版本，则会在该章开始处明确说明。

2.2　MySQL 工具

如前所述，MySQL 是一个客户端-服务器 DBMS，因此，为了使用 MySQL，需要有一个客户端，即用来与 MySQL 打交道（给 MySQL 提供要执行的命令）的应用程序。

有许多客户端应用程序可供选择，但在学习 MySQL（确切地说，在编写和测试 MySQL 脚本）时，最好使用专为此目的而设计的工具。特别是有两个工具需要提及：mysql 命令行工具和图形界面工具 MySQL Workbench。

2.2.1　mysql 命令行工具

每个 MySQL 安装程序都有一个名为 mysql 的简单命令行工具。这个工具没有下拉菜单、流行的用户界面、鼠标支持或任何类似的东西。

在操作系统命令提示符下输入 mysql 将出现一个像下面这样的简单提示。

```
Welcome to the MySQL monitor. Commands end with ; or \g.
Your MySQL connection id is 11
Server version: 8.0.31 MySQL Community Server - GPL
Copyright (c) 2000, 2022, Oracle and/or its affiliates.
Oracle is a registered trademark of Oracle Corporation and/or its
affiliates. Other names may be trademarks of their respective
owners.
Type 'help;' or '\h' for help. Type '\c' to clear the current input statement.
```

MySQL 选项和参数　如果仅输入 mysql，那么可能会出现一条错误消息（或者是因为需要安全证书，或者是因为 MySQL 没有运行在本地或默认端口上）。mysql 接受你可以以及可能需要使用的一组命令行参数。例如，为了指定用户登录名 ben，应该使用 mysql -u ben。为了给出用户名、主机名、端口和密码，应该使用 mysql -u ben -p -h myserver -P 9999。

完整的命令行选项和参数列表可以通过 mysql --help 获取。

当然，具体的版本和连接信息可能不同，但都可以使用这个工具。请注意：

- 在 mysql>之后输入命令；
- 命令以;或\g 结束，换句话说，仅按 Enter 键不会执行命令；
- 输入 help;或\h 获得帮助，也可以输入更多的文本获得特定命令的帮助（比如输入 help select 获得使用 SELECT 语句的帮助）；
- 输入 quit 或 exit 退出命令行工具。

mysql 命令行工具是用得最多的一种 MySQL 工具，它对于快速测试和执行脚本非常有价值。事实上，本书中使用的所有输出例子都是基于 mysql 命令行输出创建的。

熟悉 mysql 命令行工具　即使你选择使用接下来描述的图形界面工具，也应该保证熟悉 mysql 命令行工具，因为它是你最常使用且可以放心依赖的客户端（因为它是 MySQL 安装包的一部分）。

2.2.2　MySQL Workbench

MySQL Workbench 是一个用于编写和执行 MySQL 命令的图形交互式客户端。

MySQL Workbench 整合并替换了 MySQL 早期版本中提供的几个交互式工具。自发布以来，该工具迅速成为开发人员的最爱。

获得 MySQL Workbench   与 mysql 命令行工具不同,MySQL Workbench 并不总是作为 MySQL DBMS 核心安装的一部分。如果没有安装,可以直接从 https://dev.mysql.com/downloads/workbench/免费下载(可得到用于 Linux、macOS 和 Windows 的版本,其源代码也可以下载)。

第 3 章将开始使用 MySQL Workbench,届时我们会探索如何连接到 MySQL DBMS 并使用它。现在,请注意以下几点。

- ❑ MySQL Workbench 具有一个可以帮助你编写 SQL 语句的彩色编码编辑器。
- ❑ 你可以在 MySQL Workbench 中测试 SQL 语句,结果(如果有的话)将直接显示在语句下方的网格中。
- ❑ MySQL Workbench 还列出了所有可用的数据源(称为"模式")。你可以展开任何数据源查看其表,也可以展开任何表查看其列。
- ❑ 可以使用 MySQL Workbench 编辑数据、检查服务器状态和设置、备份和恢复数据,等等。

 执行现有的脚本   可以使用 MySQL Workbench 执行现有的脚本。为此,请选择 File→Open SQL Script,再选择相应的脚本(它将显示在一个新标签中),然后单击 Execute 按钮(一个闪电图标)。

MySQL Workbench 是一个重要的工具,建议你在本书的所有章节中使用它。我们将在第 3 章中详细讨论该工具。

2.2.3   其他工具

除了使用 MySQL 提供的客户端,还有很多第三方客户端可以选择,你也可以使用它们与 MySQL 一起工作。以下是一些流行的客户端。

- ❑ DBeaver
- ❑ HeidiSQL
- ❑ phpMyAdmin

❑ RazorSQL

要使用这些工具，通常只需提供服务器和登录信息即可。

2.3 小结

本章介绍了什么是 MySQL，并引入了两个客户端应用程序：一个命令行工具和一个可选但强烈建议使用的图形界面工具。

第3章

使用 MySQL

本章将学习如何连接和登录到 MySQL、如何执行 MySQL 语句，以及如何获取数据库和表的信息。

在了解了可供使用的 MySQL DBMS 和客户端软件之后，有必要简要讨论一下如何连接到数据库。

与所有客户端-服务器 DBMS 一样，MySQL 要求在能执行命令之前登录到 DBMS。登录名可以与网络登录名不同（假定你使用网络）。MySQL 在内部保存自己的用户列表，并且会把每个用户与各种权限关联起来。

首次安装 MySQL 时，系统可能会提示你输入一个管理员用户（通常为 root）和一个密码。如果你使用的是自己的本地服务器，并且只是简单地测试一下 MySQL，那么使用上述登录就可以了。但现实世界中，管理员登录受到密切保护（因为管理员用户被赋予创建表、删除整个数据库、更改登录名和密码等全部权限）。

要连接到 MySQL，需要以下信息：

❏ 主机名（计算机名）——如果连接到本地 MySQL 服务器，就为 localhost；

❏ 端口（如果使用了默认端口 3306 之外的端口的话）；

❏ 一个合法的用户名；

❏ 用户密码（如果需要的话）。

如第 2 章所述，所有这些信息都可以传递给 mysql 命令行工具，或输入到 MySQL Workbench 的服务器连接界面中。

 使用其他客户端 如果你使用的客户端不是这里提到的客户端，那么为了连接到 MySQL，你仍然需要提供上述信息。

3.1　使用命令行工具

　　mysql 命令行工具是一个始终可用的客户端工具。即使你在通过本书学习 MySQL 的过程中很可能会使用 MySQL Workbench，也非常有必要学习如何使用 mysql 命令行工具。

　　要在本地安装的 MySQL DBMS 中使用命令行工具，可以使用以下命令：

```
mysql --user=root --password
```

　　如果没有使用 root 用户，请指定你的用户名。你可以在命令行中指定密码，或者如果你只指定了--password，那么在按下 Enter 键后系统会提示你输入密码。

　　然后，你会看到如下文本：

```
Welcome to the MySQL monitor. Commands end with ; or \g.
Your MySQL connection id is 31
Server version: 8.0.31 MySQL Community Server - GPL

Copyright (c) 2000, 2022, Oracle and/or its affiliates.

Oracle is a registered trademark of Oracle Corporation and/or its
affiliates. Other names may be trademarks of their respective
owners.

Type 'help;' or '\h' for help. Type '\c' to clear the current input statement.

mysql>
```

在 mysql>提示符处输入命令。

3.1.1　选择数据库

　　当你第一次连接到 MySQL 时，默认是没有选择任何数据库的。在你能执行任意数据库操作前，需要选择一个数据库。为此，可以使用 USE 关键字。

 关键字（keyword）　MySQL 语言组成部分的保留字。决不要用关键字命名一张表或一列。附录 E 列出了 MySQL 的关键字。

例如，为了使用 mysql 数据库，应该输入以下内容：

输入
```
USE mysql;
```

输出
```
Database changed
```

分析 USE 语句并不返回任何结果。根据所使用的客户端，可能会显示某种形式的通知。例如，这里显示出的 Database changed 消息是 mysql 命令行工具在数据库选择成功后显示的。

3.1.2 了解数据库和表

如果不知道可以使用的数据库名，该怎么办？另外，MySQL Workbench 如何显示可用数据库的列表？

数据库、表、列、用户、权限等信息被存储在数据库和表中（MySQL 使用 MySQL 来存储这些信息）。不过，这些内部表一般不会被直接访问。可以使用 MySQL 的 SHOW 命令来显示这些信息（MySQL 从内部表中提取这些信息）。请看下面的例子：

输入
```
SHOW DATABASES;
```

输出
```
+--------------------+
| Database           |
+--------------------+
| crashcourse        |
| information_schema |
| mysql              |
| performance_schema |
| sakila             |
| sys                |
| world              |
+--------------------+
7 rows in set (0.00 sec)
```

分析 SHOW DATABASES;返回的是可用数据库的一个列表，列表中包含了 MySQL 内部使用的一些数据库（比如例子中的 mysql 和 information_schema）。当然，你自己的数据库列表可能看上去与这里的不一样。

要获得一个数据库内的表的列表，可以使用 SHOW TABLES;，如下所示。

输入

SHOW TABLES;

输出

```
+-------------------------------------------------------+
| Tables_in_mysql                                       |
+-------------------------------------------------------+
| columns_priv                                          |
| component                                             |
| db                                                    |
| default_roles                                         |
| engine_cost                                           |
| func                                                  |
| general_log                                           |
| global_grants                                         |
| gtid_executed                                         |
| help_category                                         |
| help_keyword                                          |
| help_relation                                         |
| help_topic                                            |
| innodb_index_stats                                    |
| innodb_table_stats                                    |
| ndb_binlog_index                                      |
| password_history                                      |
| plugin                                                |
| procs_priv                                            |
| proxies_priv                                          |
| replication_asynchronous_connection_failover          |
| replication_asynchronous_connection_failover_managed  |
| replication_group_configuration_version               |
| replication_group_member_actions                      |
| role_edges                                            |
| server_cost                                           |
| servers                                               |
| slave_master_info                                     |
| slave_relay_log_info                                  |
| slave_worker_info                                     |
| slow_log                                              |
| tables_priv                                           |
| time_zone                                             |
| time_zone_leap_second                                 |
| time_zone_name                                        |
| time_zone_transition                                  |
| time_zone_transition_type                             |
| user                                                  |
+-------------------------------------------------------+
38 rows in set (0.00 sec)
+----------------------+
```

术语"master/slave"的使用仅与行业标准和规范中使用的官方术语相关，决不会削弱培生教育出版集团对于促进多样性、公平性和包容性的承诺，也不会削弱培生教育出版集团在我们所服务的全球学习者群体中挑战、对抗或打击偏见和成见的承诺。

分析 SHOW TABLES;返回的是当前选择的数据库内可用表的列表。

SHOW 也可用于显示表列。

输入
```
SHOW COLUMNS FROM servers;
```

输出

Field	Type	Null	Key	Default	Extra
Server_name	char(64)	NO	PRI		
Host	char(255)	NO			
Db	char(64)	NO			
Username	char(64)	NO			
Password	char(64)	NO			
Port	int	NO		0	
Socket	char(64)	NO			
Wrapper	char(64)	NO			
Owner	char(64)	NO			

```
9 rows in set (0.00 sec)
```

 DESCRIBE 语句　MySQL 支持用 DESCRIBE 作为 SHOW COLUMNS FROM 的一种快捷方式。换句话说，DESCRIBE customers;是 SHOW COLUMNS FROM customers;的一种快捷方式。

MySQL 还支持以下 SHOW 语句。

❑ SHOW STATUS：用于显示广泛的服务器状态信息；
❑ SHOW CREATE DATABASE 和 SHOW CREATE TABLE：分别用于显示创建特定数据库或表的 MySQL 语句；
❑ SHOW GRANTS：用于显示授予用户（所有用户或特定用户）的权限；

❑ SHOW ERRORS 和 SHOW WARNINGS：用于显示服务器错误或警告消息。

值得注意的是，客户端应用程序使用的是相同的 MySQL 命令。那些显示数据库和表的交互式列表、允许交互式创建和编辑表、便于数据录入和编辑、允许管理用户账号和权限等的应用程序全都使用你可以直接执行的相同的 MySQL 命令来实现它们的功能。

进一步了解 SHOW 请在 mysql 命令行工具中执行命令 HELP SHOW;来显示允许的 SHOW 语句。

3.2 使用 MySQL Workbench

mysql 命令行工具是一个非常宝贵且随时可用的工具，但它使用起来并不十分直观或友好。幸运的是，本书将会使用一个很棒的名为 MySQL Workbench 的图形界面工具。

获取 MySQL Workbench MySQL Workbench 支持 Windows 系统、macOS 系统和 Linux 系统。关于如何获取 MySQL Workbench，请参阅附录 A。

3.2.1 开始使用

MySQL Workbench 需要知道你将使用哪个 DBMS。首次运行时，MySQL Workbench 会查找本地 DBMS，如果找到一个，就会自动将该 DBMS 添加到 MySQL 连接列表中，如图 3-1 所示。

图 3-1 MySQL 连接列表中列出的 DBMS

双击连接，系统会提示你输入密码，如图 3-2 所示。

图 3-2 密码提示

如果你输入的登录信息正确，就会连接到 MySQL 服务器。

3.2.2 MySQL Workbench 用户界面

让我们花几分钟时间熟悉一下 MySQL Workbench 用户界面，如图 3-3 所示。

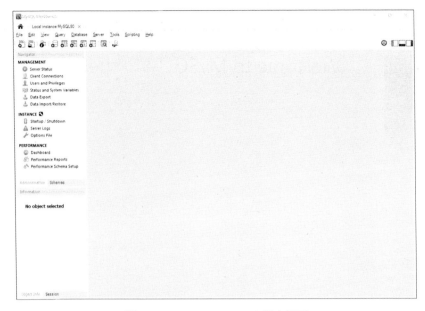

图 3-3　MySQL Workbench 用户界面

左上角是 Navigator（导航器）。它提供了管理服务器的选项，包括显示服务器状态（与之前使用命令行工具显示的信息大致相同）。

单击 Navigator 面板上的 Schemas（模式）标签可以看到所有的数据库。

3.2.3　选择数据库

要在 MySQL Workbench 中选择一个数据库，只需在 Schemas 标签中双击它即可。这时数据库会被展开，其名称将变为粗体，表示可供使用。

使用 USE　前面我们学过 USE 语句，它可以打开一个数据库。当你双击 MySQL Workbench 中的一个数据库时，MySQL Workbench 会自动执行 USE 语句。实际上，MySQL Workbench 中的每个选项都有对应的 SQL 语句。

3.2.4   学习数据库和表

要查看数据库和表的详细信息，只需单击它们即可。详细信息显示在 Navigator 面板下方的 Information（信息）面板中，如图 3-4 所示。

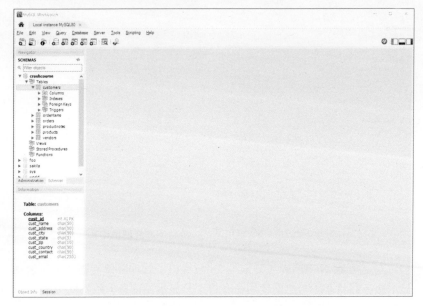

图 3-4   Navigator 面板下方的 Information 面板

3.2.5   执行 SQL 语句

在本书中，你将编写和测试 SQL 语句，因此了解如何使用 MySQL Workbench 进行这些操作非常重要。

打开一个数据库（任意一个都可以），单击工具栏上最左边的按钮。这是 New Query 按钮，它将打开一个编辑器窗口，你可以在这里输入 SQL 命令。

图 3-5 显示了正在使用的 world 数据库，其中输入了以下 SQL 语句。

```
SELECT * FROM country;
```

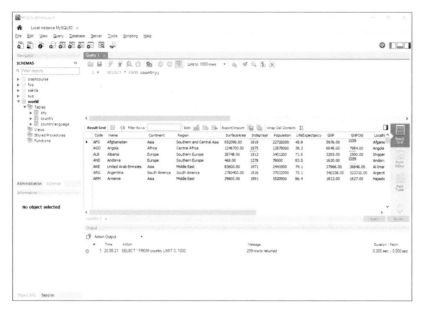

图 3-5　查询结果显示在 SQL 语句下方的网格中

要执行（或运行）SQL 语句，请单击查询窗口上方的闪电图标。然后 SQL 语句会被执行，结果（如果有的话）会显示在下面的网格中。

现在你已经准备好安装示例数据库和表，并继续学习 MySQL 了。

3.3　下一步

现在你已经知道如何连接并登录到 MySQL DBMS，你可以创建本书中将使用的示例数据库和表了。

有关表的详细描述以及安装它们的分步说明，请参阅附录 B。

3.4　小结

本章介绍了如何连接和登录到 MySQL，以及如何使用 mysql 命令行工具和 MySQL Workbench 执行 SQL 命令。在这些知识的帮助下，我们可以进一步深入学习至关重要的 SELECT 语句了。

第 4 章

检索数据

本章将介绍如何使用 SELECT 语句从表中检索数据。

4.1 SELECT 语句

正如第 1 章所述，SQL 语句是由简单的英语单词构成的。这些单词称为**关键字**，每个 SQL 语句都是由一个或多个关键字构成的。我们最常使用的 SQL 语句大概就是 SELECT 语句了。它的用途是从一张或多张表中检索信息。

为了使用 SELECT 语句检索表数据，必须至少给出两条信息——想选择什么以及从什么地方选择。

使用 MySQL Workbench 跟随操作　正如之前提到的，强烈建议你在阅读本书的过程中尝试每一个示例。事实上，你还应该自己尝试并调整 SQL 语句。当你不断这样做的时候，你会发现对 MySQL 语法比以前更得心应手了。正如第 3 章中所解释的那样，请使用 MySQL Workbench 来完成此操作。

4.2 检索单列

我们将从简单的 SQL SELECT 语句开始介绍，此语句如下所示：

输入
```
SELECT prod_name
FROM products;
```

分析　上述语句利用 SELECT 语句从 products 表中检索名为 prod_name 的列。所需的列名在 SELECT 关键字之后给出，FROM 关键字指出从其中检索数据的表名。此语句的输出如下所示。

```
                 +------------------+
输出              | prod_name        |
                 +------------------+
                 |.5 ton anvil      |
                 |1 ton anvil       |
                 |2 ton anvil       |
                 |Oil can           |
                 |Fuses             |
                 |Sling             |
                 |TNT (1 stick)     |
                 |TNT (5 sticks)    |
                 |Bird seed         |
                 |Carrots           |
                 |Safe              |
                 |Detonator         |
                 |JetPack 1000      |
                 |JetPack 2000      |
                 +------------------+
```

 未排序数据 如果你自己试验这个查询，那么可能会发现显示输出的数据顺序与这里不同。出现这种情况很正常。如果没有明确排序查询结果（参见第 5 章），那么返回的数据的顺序就没有特殊意义。返回数据的顺序可能是数据被添加到表中的顺序，也可能不是。只要返回相同数目的行，就是正常的。

正如上面所展示的那样，一个简单的 SELECT 语句就能返回表中的所有行。数据既没有过滤（过滤将得出结果集的一个子集），也没有排序。接下来的几章将讨论这些内容。

 结束 SQL 语句 多个 SQL 语句必须以分号（;）分隔。与大多数 DBMS 一样，MySQL 不需要在单个 SQL 语句后加分号。当然，如果你愿意，可以随时加上分号。事实上，即使不一定需要，加上分号肯定也没有坏处。

如果你使用的是 mysql 命令行工具，则必须加上分号（参见第 2 章）。

SQL 语句和大小写　请注意，SQL 语句不区分大小写，因此
SELECT 与 select 或 Select 是相同的。许多 SQL 开发人员
喜欢对所有 SQL 关键字使用大写，而对所有列名和表名使用
小写，因为这样做更易于阅读代码和调试代码。（这也是本书
中使用的格式化样式。）

不过，请注意，虽然 SQL 语言不区分大小写，但有些标识符
（如数据库名、表名和列名）是区分大小写的。

最佳方式是遵循大小写的惯例，且使用时保持一致。

 使用空白字符　处理 SQL 语句时，我们会忽略其中所有多余
的空白字符。SQL 语句可以在一行上给出，也可以分成许多
行。因此，以下语句在功能上是相同的：

```
SELECT prod_name FROM products;

SELECT
prod_name
FROM
products;

        SELECT
          prod_name
            FROM
              products;
```

大多数 SQL 开发人员认为将 SQL 语句分成多行更容易阅读和
调试。

处理 SQL 语句时，我们会忽略空白字符（空格、制表符、换
行符等）。那么，DBMS 如何知道你的语句何时结束呢？这正
是末尾的分号（;）的作用。

4.3　检索多列

要想从一张表中检索多列，可以使用同一个 SELECT 语句。唯一的

不同是必须在 SELECT 关键字后给出多个列名，且列名之间必须以逗号
分隔。

 当心逗号　在选择多列时，一定要在列名之间加上逗号，但
最后一个列名后不加。如果在最后一个列名后加了逗号，则
会出现错误。

　　下面的 SELECT 语句从 products 表中选择了 3 列：

```
SELECT prod_id, prod_name, prod_price
FROM products;
```

分析　与前一个例子一样，这个例子使用 SELECT 语句从表 products
中选择数据。在这个例子中，我们指定了 3 个列名，列名之间
用逗号分隔。此语句的输出如下所示。

输出
```
+--------+---------------+------------+
| prod_id | prod_name    | prod_price |
+--------+---------------+------------+
| ANV01  | .5 ton anvil  | 5.99       |
| ANV02  | 1 ton anvil   | 9.99       |
| ANV03  | 2 ton anvil   | 14.99      |
| OL1    | Oil can       | 8.99       |
| FU1    | Fuses         | 3.42       |
| SLING  | Sling         | 4.49       |
| TNT1   | TNT (1 stick) | 2.50       |
| TNT2   | TNT (5 sticks)| 10.00      |
| FB     | Bird seed     | 10.00      |
| FC     | Carrots       | 2.50       |
| SAFE   | Safe          | 50.00      |
| DTNTR  | Detonator     | 13.00      |
| JP1000 | JetPack 1000  | 35.00      |
| JP2000 | JetPack 2000  | 55.00      |
+--------+---------------+------------+
```

 数据表示　从上述输出可以看到，SQL 语句通常会返回无格
式的原始数据。数据的格式化是一个表示问题，而不是检索
问题。因此，表示（对齐和显示上面的价格值，用货币符号
和逗号表示其金额）一般在显示该数据的应用程序中规定。
实际检索出的原始数据（没有应用程序提供的格式化）通常
很少使用。

4.4 检索所有列

除了指定所需的列（如上所述，一列或多列），SELECT 语句还可以检索所有的列而不必逐个列出它们。这可以通过在实际列名的位置使用星号（*）通配符来实现，如下所示：

 输入

```
SELECT *
FROM products;
```

 分析　如果指定*通配符，则会返回表中所有的列。列的顺序一般是列在表定义中出现的顺序。但有时候并不是这样的，表的模式的变化（如添加或删除列）可能会导致顺序的变化。

> **使用通配符**　通常来说，除非你确实需要表中的每一列，否则最好别使用*通配符。虽然使用通配符可能会使你自己省事，不用明列出所需列，但检索不需要的列通常会降低检索和应用程序的性能。

> 💡 **检索未知列**　使用通配符有一个很大的优点。由于你没有明确指定列名（因为星号会检索每一列），因此可以检索出名字未知的列。

4.5 检索不同的行

如上所述，SELECT 语句可以返回所有匹配的行。但是，如果你不想让每个值每次都出现，该怎么办？假如你想得出 products 表中产品的所有供应商 ID：

输入

```
SELECT vend_id
FROM products;
```

输出

```
+---------+
| vend_id |
+---------+
|    1001 |
|    1001 |
|    1001 |
```

```
|    1002 |
|    1002 |
|    1003 |
|    1003 |
|    1003 |
|    1003 |
|    1003 |
|    1003 |
|    1003 |
|    1005 |
|    1005 |
+---------+
```

分析 SELECT 语句返回了 14 行（即使表中只有 4 个供应商），因为 products 表中列出了 14 个产品。那么，如何检索出有不同值的列表呢？

解决办法是使用 DISTINCT 关键字，顾名思义，此关键字会指示 MySQL 只返回不同的值。

输入
```
SELECT DISTINCT vend_id
FROM products;
```

分析 SELECT DISTINCT vend_id 告诉 MySQL 只返回不同（唯一）的 vend_id 行，因此只返回了 4 行，如下面的输出所示。如果使用 DISTINCT 关键字，则必须将它直接放在列名的前面。

输出
```
+--------- +
| vend_id |
+--------- +
|    1001 |
|    1002 |
|    1003 |
|    1005 |
+--------- +
```

不能部分使用 DISTINCT DISTINCT 关键字适用于所有列，而不仅仅是它前面指定的列。如果你指定 SELECT DISTINCT vend_id, prod_price，那么只有在这两列的组合都不同的情况下，才会检索到所有行。

4.6　限制结果

SELECT 语句可以返回所有匹配的行——可能还会返回指定表中的每一行。为了返回第 1 行或前几行，可以使用 LIMIT 子句。下面举一个例子：

```
SELECT prod_name
FROM products
LIMIT 5;
```

分析 此例子使用 SELECT 语句检索单列。LIMIT 5 指示 MySQL 返回不超过 5 行。此语句的输出如下所示：

输出
```
+----------------- +
| prod_name       |
+----------------- +
| .5 ton anvil    |
| 1 ton anvil     |
| 2 ton anvil     |
| Oil can         |
| Fuses           |
+----------------- +
```

为了得出下一个 5 行，可以指定要检索的开始行和行数，如下所示：

```
SELECT prod_name
FROM products
LIMIT 5,5;
```

分析 LIMIT 5, 5 指示 MySQL 返回从行 5 开始的 5 行。第一个数为开始位置，第二个数为要检索的行数。此语句的输出如下所示：

输出
```
+----------------- +
| prod_name       |
+----------------- +
| Sling           |
| TNT (1 stick)   |
| TNT (5 sticks)  |
| Bird seed       |
| Carrots         |
+----------------- +
```

所以，带一个值的 LIMIT 总是从第 1 行开始，给出的数值为返回的行数。带两个值的 LIMIT 可以指定第一个值从指定行号开始。

行 0 检索出来的第 1 行为行 0 而不是行 1。因此，LIMIT 1, 1 将检索出第 2 行而不是第 1 行。

 当行数不够时 LIMIT 中指定要检索的行数为检索的**最大行数**。如果没有足够的行（例如，给出 LIMIT 15，但只有 13 行），那么 MySQL 将只返回它能返回的行数。

 使用 LIMIT OFFSET LIMIT 3, 4 的含义是从行 4 开始的 3 行还是从行 3 开始的 4 行？如前所述，它的意思是从行 3 开始的 4 行，这容易把人搞糊涂。

由于这个原因，MySQL 支持 LIMIT 的另一种替代语法。LIMIT 4 OFFSET 3 意为"从行 3 开始取 4 行"，就像 LIMIT 3, 4 一样。LIMIT OFFSET 通常不太常用，我在这里提到它的原因是，如果你在实际应用中看到它，你会知道它是什么。

4.7 使用完全限定的表名

迄今为止我们使用的 SQL 例子只是通过列名引用列。也可以使用完全限定的名字来引用列（同时使用表名和列名）。请看下面这个例子：

```
SELECT products.prod_name
FROM products;
```

分析 这个 SQL 语句在功能上等同于本章最开始使用的那一个语句，但这里指定了一个完全限定的列名。它明确指出，prod_name 列位于 products 表中。

表名也可以是完全限定的，如下所示：

输入
```
SELECT products.prod_name
FROM crashcourse.products;
```

分析　这个语句在功能上也等同于刚刚使用的那个语句（当然，假定 products 表确实位于 **crashcourse** 数据库中）。

正如后面章节中将要介绍的那样，有一些情形需要完全限定名。现在，我们需要注意这个语法，以便在遇到时知道它的作用。

4.8　使用注释

正如你所看到的，MySQL 语句是由 MySQL DBMS 处理的指令。但是，如果想包含一些不希望被处理和执行的文本，该怎么办？你为什么想这样做？具体原因有以下几点。

- 这里使用的 SQL 语句都非常简短。但是，随着 SQL 语句越来越长且越来越复杂，你会希望包含描述性注释（或者供自己将来参考，或者供下一个必须处理该项目的人参考）。这些注释需要嵌入到 SQL 脚本中，但它们显然不是为实际的 DBMS 处理而设计的。
- SQL 文件顶部的介绍性文本也是如此，你通常会希望其中包含描述和注释，甚至希望包含程序员的联系方式。
- 注释的另一个重要用途是暂时停止执行 SQL 代码。如果你使用的是一个长 SQL 语句，并且只想测试其中的一部分，则可以**注释掉**部分代码，以便 DBMS 将其视为注释并忽略它。

MySQL 支持多种形式的注释语法。下面我们从行内注释开始：

```
SELECT prod_name    -- 这是一条注释
FROM products;
```

分析　可以使用--（两个连字符）将注释嵌入行内。在同一行中，-- 之后的任何文本都被视为注释文本，这使其成为描述 CREATE TABLE 语句中的列的一个很好的选项。

以下是行内注释的另一种形式：

```
# 这是一条注释
SELECT prod_name
FROM products;
```

分析 #可以在 SQL 中的任何位置使用。这个字符后面的所有内容都是注释文本，所以一行开头的#会使整行都成为注释。

你还可以创建多行注释，这些注释可以在脚本中的任何位置开始和停止：

输入
```
/* SELECT prod_name, vend_id
FROM products; */
SELECT prod_name
FROM products;
```

分析 注释通常以/*开始，以*/结束。/*和*/之间的所有内容都是注释文本。这种类型的注释通常用于将代码**注释掉**，正如本例所展示的那样。这里定义了两个 SELECT 语句，但第一个语句不会执行，因为它已经被注释掉了。

4.9 小结

本章学习了如何使用 SQL 的 SELECT 语句来检索数据。另外，本章还介绍了如何以及为什么对 SQL 代码进行注释。第 5 章将讲授如何对检索出来的数据进行排序。

4.10 挑战题

(1) 编写一个 SQL 语句，从 customers 表中检索所有的顾客 ID（cust_id）。

(2) orderitems 表包含了所有已订购的产品（有些已被订购多次）。编写一个 SQL 语句，检索并列出已订购产品（prod_id）的清单（不用列出每笔订单，只列出不同产品的清单）。**提示**：最终应该显示 9 行。

(3) 编写一个 SQL 语句，检索 customers 表中的所有列，再编写另一个 SELECT 语句，只检索顾客 ID。使用注释将一个 SELECT 语句注释掉，以便运行另一个语句。（当然，要测试这两个语句。）

第 5 章

排序检索数据

本章将讲授如何使用 SELECT 语句的 ORDER BY 子句根据需要排序检索出的数据。

5.1 排序数据

正如第 4 章所述，下面的 SQL 语句可以返回某张数据库表的一列。但输出并没有特定的顺序。

输入
```
SELECT prod_name
FROM products;
```

输出
```
+----------------+
| prod_name      |
+----------------+
| .5 ton anvil   |
| 1 ton anvil    |
| 2 ton anvil    |
| Oil can        |
| Fuses          |
| Sling          |
| TNT (1 stick)  |
| TNT (5 sticks) |
| Bird seed      |
| Carrots        |
| Safe           |
| Detonator      |
| JetPack 1000   |
| JetPack 2000   |
+----------------+
```

其实，检索出的数据并不是以纯粹的随机顺序显示的。如果不排序，那么数据通常会以它在底层表中出现的顺序显示。这可以是数据最初被添加到表中的顺序。但是，如果数据后来进行过更新或删除，则此顺序将受到 MySQL 重用回收存储空间的影响。因此，如果不明确控制，则不能（也不应该）依赖该排列顺序。关系数据库设计理论认为，如果不明确规定排列顺序，则不应该假定检索出的数据的顺序有意义。

 子句（clause） SQL 语句由子句构成，有些子句是必需的，有些则是可选的。一个子句通常由一个关键字和所提供的数据组成。子句的例子有 SELECT 语句的 FROM 子句，我们在第 4 章中看到过这个子句。

为了明确地排序用 SELECT 语句检索出的数据，可以使用 ORDER BY 子句。ORDER BY 子句会取一列或多列的名字，据此对输出进行排序。请看下面的例子：

输入
```
SELECT prod_name
FROM products
ORDER BY prod_name;
```

分析 这个语句与之前的语句相同，只是它还指定了一个 ORDER BY 子句，指示 MySQL 根据 prod_name 列的字母顺序对数据进行排序。结果如下所示。

输出
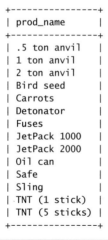
```
+----------------+
| prod_name      |
+----------------+
| .5 ton anvil   |
| 1 ton anvil    |
| 2 ton anvil    |
| Bird seed      |
| Carrots        |
| Detonator      |
| Fuses          |
| JetPack 1000   |
| JetPack 2000   |
| Oil can        |
| Safe           |
| Sling          |
| TNT (1 stick)  |
| TNT (5 sticks) |
+----------------+
```

 按照非选择列进行排序　通常，ORDER BY 子句中使用的列是为显示所选择的列。但是，实际上并不一定要这样，用非检索的列排序数据是完全合法的。

5.2 按多列排序

我们经常需要按不止一列对数据进行排序。如果要显示雇员清单，那么你可能希望按姓和名排序（首先按姓排序，然后在每个姓中再按名排序）。如果多个雇员具有相同的姓，那么这样做就很有用。

要按多列排序，只需指定用逗号分隔的列名即可（就像选择多列时所做的那样）。

下面的代码会检索 3 列，并按其中两列对结果进行排序——首先按价格排序，然后再按名称排序。

```
SELECT prod_id, prod_price, prod_name
FROM products
ORDER BY prod_price, prod_name;
```

```
+---------+------------+----------------+
| prod_id | prod_price | prod_name      |
+---------+------------+----------------+
| FC      |       2.50 | Carrots        |
| TNT1    |       2.50 | TNT (1 stick)  |
| FU1     |       3.42 | Fuses          |
| SLING   |       4.49 | Sling          |
| ANV01   |       5.99 | .5 ton anvil   |
| OL1     |       8.99 | Oil can        |
| ANV02   |       9.99 | 1 ton anvil    |
| FB      |      10.00 | Bird seed      |
| TNT2    |      10.00 | TNT (5 sticks) |
| DTNTR   |      13.00 | Detonator      |
| ANV03   |      14.99 | 2 ton anvil    |
| JP1000  |      35.00 | JetPack 1000   |
| SAFE    |      50.00 | Safe           |
| JP2000  |      55.00 | JetPack 2000   |
+---------+------------+----------------+
```

重要的是要明白，在按多列排序时，排序完全按所规定的顺序进行。换句话说，对于上述例子中的输出，仅在多行具有相同的 prod_price 值时才对产品按 prod_name 排序。如果 prod_price 列中所有的值都是唯一的，则不会按 prod_name 排序。

5.3 按列位置排序

除了可以使用列名指定排列顺序，还可以使用 ORDER BY 根据列的相对位置进行排序。理解这一点的最好方法是来看一个例子：

 输入

```
SELECT prod_id, prod_price, prod_name
FROM products
ORDER BY 2, 3;
```

输出

```
prod_id      prod_price    prod_name
-------      ----------    --------------------
BNBG02       3.4900        Bird bean bag toy
BNBG01       3.4900        Fish bean bag toy
BNBG03       3.4900        Rabbit bean bag toy
RGAN01       4.9900        Raggedy Ann
BR01         5.9900        8 inch teddy bear
BR02         8.9900        12 inch teddy bear
RYL01        9.4900        King doll
RYL02        9.4900        Queen doll
BR03         11.9900       18 inch teddy bear
```

分析　正如你所看到的，这里的输出与 5.2 节的输出格式基本相同。不同之处在于 ORDER BY 子句。这里没有指定列名，而是指定了 SELECT 列表中选定的列的相对位置。ORDER BY 2 表示按 SELECT 列表中的第 2 列（prod_price 列）进行排序。ORDER BY 2, 3 表示先按 prod_price 排序，然后再按 prod_name 排序。

这种技术的主要优点是不需要重新输入列名。但它也有一些缺点。首先，不明确列出列名会增加错误地指定排序列的可能性。其次，在对 SELECT 列表进行更改（比如忘记对 ORDER BY 子句进行相应的更改）时，很容易对数据进行错误排序。最后，在按不在 SELECT 列表中的列排序时，显然不能使用此技术。

 按照非选择列进行排序　当按未出现在 SELECT 列表中的列排序时，不能使用 ORDER BY 根据列的相对位置进行排序。但是，如果需要，可以在单个语句中混合使用列名和列的相对位置。

5.4 指定排序方向

数据排序不限于升序（从 A 到 Z）排序。这只是默认的排列顺序，还可以使用 ORDER BY 子句以降序（从 Z 到 A）顺序排序。为了进行降序排序，必须指定 DESC 关键字。

下面的例子按价格对产品进行降序排序（最贵的排在最前面）：

 输入
```
SELECT prod_id, prod_price, prod_name
FROM products
ORDER BY prod_price DESC;
```

输出
```
+---------+------------+---------------+
| prod_id | prod_price | prod_name     |
+---------+------------+---------------+
| JP2000  |      55.00 | JetPack 2000  |
| SAFE    |      50.00 | Safe          |
| JP1000  |      35.00 | JetPack 1000  |
| ANV03   |      14.99 | 2 ton anvil   |
| DTNTR   |      13.00 | Detonator     |
| TNT2    |      10.00 | TNT (5 sticks)|
| FB      |      10.00 | Bird seed     |
| ANV02   |       9.99 | 1 ton anvil   |
| OL1     |       8.99 | Oil can       |
| ANV01   |       5.99 | .5 ton anvil  |
| SLING   |       4.49 | Sling         |
| FU1     |       3.42 | Fuses         |
| FC      |       2.50 | Carrots       |
| TNT1    |       2.50 | TNT (1 stick) |
+---------+------------+---------------+
```

但是，如果打算按多列排序，该怎么办？下面的例子展示了如何先按价格（最贵的在最前面）对产品进行降序排序，然后再对产品名称进行升序排序：

输入
```
SELECT prod_id, prod_price, prod_name
FROM products
ORDER BY prod_price DESC, prod_name;
```

输出
```
+---------+------------+---------------+
| prod_id | prod_price | prod_name     |
+---------+------------+---------------+
| JP2000  |      55.00 | JetPack 2000  |
| SAFE    |      50.00 | Safe          |
```

```
| JP1000  |      35.00 | JetPack 1000   |
| ANV03   |      14.99 | 2 ton anvil    |
| DTNTR   |      13.00 | Detonator      |
| FB      |      10.00 | Bird seed      |
| TNT2    |      10.00 | TNT (5 sticks) |
| ANV02   |       9.99 | 1 ton anvil    |
| OL1     |       8.99 | Oil can        |
| ANV01   |       5.99 | .5 ton anvil   |
| SLING   |       4.49 | Sling          |
| FU1     |       3.42 | Fuses          |
| FC      |       2.50 | Carrots        |
| TNT1    |       2.50 | TNT (1 stick)  |
+---------+------------+----------------+
```

分析 DESC 关键字只适用于其前面的列名。在这个例子中，我们只对 prod_price 列指定 DESC，对 prod_name 列则不指定。因此，prod_price 列以降序排序，而 prod_name 列（在每个价格内）仍然按标准的升序排序。

在多列上降序排序 如果想在多列上进行降序排序，则必须对每列指定 DESC 关键字。

与 DESC 相反的关键字是 ASC（ASCENDING），在升序排序时可以指定它。但实际上，ASC 没有多大用处，因为升序是默认的。（如果既不指定 ASC 也不指定 DESC，则默认为 ASC。）

区分大小写和排列顺序 在对文本性的数据进行排序时，A 与 a 相同吗？a 位于 B 之前还是位于 Z 之后？这些问题不是理论问题，其答案取决于数据库如何设置。

在字典（dictionary）排列顺序中，A 被视为与 a 相同，这是 MySQL 和大多数 DBMS 的默认行为。但是，数据库管理员能够在需要时改变这种行为。（如果你的数据库包含大量外语字符，那么可能必须这样做。）

这里，关键的问题是，如果确实需要改变这种排列顺序，那么用简单的 ORDER BY 子句根本做不到。你必须请求数据库管理员的帮助。

使用 ORDER BY 和 LIMIT 的组合，能够找出一列中的最大值或最小值。下面的例子演示了如何找出最贵物品的价格：

```
SELECT prod_price
FROM products
ORDER BY prod_price DESC
LIMIT 1;
```

```
+------------+
| prod_price |
+------------+
|      55.00 |
+------------+
```

prod_price DESC 确保检索出来的行按照价格从高到低的顺序排列，而 LIMIT 1 告诉 MySQL 仅返回一行。

> **ORDER BY 子句的位置**　在给出 ORDER BY 子句时，应该保证其位于 FROM 子句之后。如果使用 LIMIT，则 ORDER BY 子句必须位于其之前。使用子句的次序不对将产生错误消息。

> **寻找最大值的更好方法**　这里我们使用 ORDER BY 和 LIMIT 来查找表中价格最高的物品。在第 12 章中，我们将探讨用一种更高效的方法来找到最大值、最小值、平均值以及其他值。

5.5　小结

本章学习了如何使用 SELECT 语句的 ORDER BY 子句对检索出的数据进行排序。这个子句必须是 SELECT 语句中的最后一个子句。我们可以根据需要，利用它在一列或多列上对数据进行排序。

5.6　挑战题

(1) 编写一个 SQL 语句，从 customers 表中检索所有的顾客名称（cust_names），并按从 Z 到 A 的顺序显示结果。

(2) 编写一个 SQL 语句，从 orders 表中检索顾客 ID（cust_id）和订单号（order_num），先按顾客 ID 对结果进行排序，再按订单日期降序排序。

(3) 显然，我们的虚拟商店更喜欢销售比较贵的物品（并且这些物品数量众多）。编写一个 SQL 语句，显示 orderitems 表中的数量和价格（item_price），并按数量由多到少、价格由高到低排序。

(4) 以下 SQL 语句有什么问题？（尝试在不运行的情况下指出。）

```
SELECT vend_name,
FROM vendors
ORDER vend_name DESC;
```

第 6 章

过滤数据

本章将讲授如何使用 SELECT 语句的 WHERE 子句指定搜索条件。

6.1 使用 WHERE 子句

数据库表一般包含大量的数据,很少需要检索表中所有行。通常只会根据特定操作或报告的需要提取表数据的子集。只检索所需数据需要指定**搜索条件**(search criteria),搜索条件也称为**过滤条件**(filter condition)。

在 SELECT 语句中,数据根据 WHERE 子句中指定的搜索条件进行过滤。WHERE 子句在表名(FROM 子句)之后给出,如下所示:

输入
```
SELECT prod_name, prod_price
FROM products
WHERE prod_price = 2.50;
```

分析
该语句从 products 表中检索了两列,但它不是返回所有行,而是只返回 prod_price 值为 2.50 的行,如下所示:

输出
```
+---------------+---------------+
| prod_name     | prod_price    |
+---------------+---------------+
| Carrots       |          2.50 |
| TNT (1 stick) |          2.50 |
+---------------+---------------+
```

这个例子采用了简单的等值测试:它会检查一列是否具有指定的值,据此进行过滤。但是 SQL 允许做的事情不仅仅是等值测试。

 SQL 过滤与应用程序过滤 数据也可以在应用程序层过滤。为此目的,SQL 的 SELECT 语句会为客户端应用程序检索出超过实际所需的数据,然后客户端代码会对返回的数据进行过滤,以提取出需要的行。

通常，这种实现并不令人满意。因此，我们对数据库进行了优化，以便快速有效地对数据进行过滤。让客户端应用程序（或开发语言）处理数据库的工作将极大地影响应用程序的性能，并且使所创建的应用程序完全不具备可伸缩性。此外，如果在客户端上过滤数据，那么服务器就不得不通过网络发送多余的数据，这将导致网络带宽的浪费。

WHERE 子句的位置　同时使用 ORDER BY 子句和 WHERE 子句时，应该让 ORDER BY 位于 WHERE 之后，否则将产生错误（关于 ORDER BY 的使用，请参阅第 5 章）。

6.2　WHERE 子句运算符

运算符　用来连接或改变 WHERE 子句中的子句的关键字，也称为**逻辑运算符**。

前面在等值测试时我们看到了第一个 WHERE 子句，它可以确定一列是否包含特定的值。MySQL 支持表 6-1 列出的所有条件运算符。

表 6-1　WHERE 子句运算符

运　算　符	说　　明
=	等于
<>	不等于
!=	不等于
<	小于
<=	小于等于
>	大于
>=	大于等于
BETWEEN	在指定的两个值之间

6.2.1   检查单个值

前面我们已经看到了等值测试的例子。再来看一个类似的例子：

输入
```
SELECT prod_name, prod_price
FROM products
WHERE prod_name = 'fuses';
```

输出
```
+-----------+--------------+
| prod_name | prod_price   |
+-----------+--------------+
| Fuses     |         3.42 |
+-----------+--------------+
```

分析   WHERE prod_name = 'fuses' 返回了 prod_name 的值为 Fuses 的一行。MySQL 在执行匹配时默认不区分大小写，所以 fuses 与 Fuses 匹配。

现在来看几个使用其他运算符的例子。

第一个例子是列出价格小于 10 美元的所有产品：

输入
```
SELECT prod_name, prod_price
FROM products
WHERE prod_price < 10;
```

输出
```
+----------------+--------------+
| prod_name      | prod_price   |
+----------------+--------------+
| .5 ton anvil   |         5.99 |
| 1 ton anvil    |         9.99 |
| Carrots        |         2.50 |
| Fuses          |         3.42 |
| Oil can        |         8.99 |
| Sling          |         4.49 |
| TNT (1 stick)  |         2.50 |
+----------------+--------------+
```

下一个语句会检索价格小于等于 10 美元的所有产品（输出的结果比第一个例子输出的结果多两种产品）。

输入
```
SELECT prod_name, prod_price
FROM products
WHERE prod_price <= 10;
```

```
+-----------------+-------------+
| prod_name       | prod_price  |
+-----------------+-------------+
| .5 ton anvil    |        5.99 |
| 1 ton anvil     |        9.99 |
| Bird seed       |       10.00 |
| Carrots         |        2.50 |
| Fuses           |        3.42 |
| Oil can         |        8.99 |
| Sling           |        4.49 |
| TNT (1 stick)   |        2.50 |
| TNT (5 sticks)  |       10.00 |
+-----------------+-------------+
```

6.2.2 不匹配检查

以下例子列出了不是由供应商 1003 制造的所有产品。

输入
```
SELECT vend_id, prod_name
FROM products
WHERE vend_id <> 1003;
```

输出
```
+----------+---------------+
| vend_id  | prod_name     |
+----------+---------------+
|     1001 | .5 ton anvil  |
|     1001 | 1 ton anvil   |
|     1001 | 2 ton anvil   |
|     1002 | Fuses         |
|     1005 | JetPack 1000  |
|     1005 | JetPack 2000  |
|     1002 | Oil can       |
+----------+---------------+
```

 何时使用引号　如果仔细观察上述 WHERE 子句中使用的条件，就会看到有的值括在单引号内（如前面使用的 'fuses'），有的值则未被括起来。单引号用来限定字符串。如果将值与字符串数据类型的列进行比较，则需要限定引号。用来与数值类型的列进行比较的值不用引号。

下面是相同的例子，其中使用了 != 而不是 <>。

输入
```
SELECT vend_id, prod_name
FROM products
WHERE vend_id != 1003;
```

可以互换使用<>和!=　运算符!=表示不等于，因此 vend_id !=1003 意味着 "匹配所有 vend_id 不是 1003 的供应商"。运算符<>表示小于或大于，因此 vend_id <> 1003 意味着 "匹配所有 vend_id 小于或大于 1003（但不等于）的供应商"。正如你所看到的，这两个运算符实际上执行的是相同的操作，你可以使用你更喜欢的那一个。

6.2.3　范围检查

为了检查某个范围的值，可以使用 BETWEEN 运算符。BETWEEN 运算符的语法与其他 WHERE 子句的运算符的语法稍有不同，因为它需要两个值，即范围的开始值和结束值。例如，BETWEEN 运算符可用来检索价格在 5 美元和 10 美元之间或日期在指定的开始日期和结束日期之间的所有产品。

下面的例子说明了如何使用 BETWEEN 运算符检索价格在 5 美元和 10 美元之间的所有产品：

输入
```
SELECT prod_name, prod_price
FROM products
WHERE prod_price BETWEEN 5 AND 10;
```

输出

prod_name	prod_price
.5 ton anvil	5.99
1 ton anvil	9.99
Bird seed	10.00
Oil can	8.99
TNT (5 sticks)	10.00

分析　从这个例子中可以看到，在使用 BETWEEN 运算符时，必须指定两个值——所需范围的下限和上限。这两个值必须用 AND 关键字分隔。BETWEEN 匹配范围中的所有值，包括指定的开始值和结束值。

6.2.4　空值检查

在创建表时，表设计人员可以指定其中的列是否可以不包含值。在一列不包含值时，我们称其为包含空值 NULL。

 NULL　无值（no value），它与字段包含 0、空字符串或仅仅包含空格不同。

SELECT 语句有一个特殊的 WHERE 子句，可用来检查具有 NULL 值的列。这个 WHERE 子句就是 IS NULL 子句。其语法如下所示：

```
SELECT prod_name
FROM products
WHERE prod_price IS NULL;
```

 该语句用于返回没有价格（prod_price 字段为空，不是价格为 0）的所有产品，由于表中没有这样的行，因此没有返回数据。

但是，customers 表确实包含具有 NULL 值的列，如果文件中没有某位顾客的电子邮件地址，则 cust_email 列将包含 NULL 值，并且 IS NULL 可用于识别这些顾客。

```
SELECT cust_name
FROM customers
WHERE cust_email IS NULL;
```

```
+------------+
| cust_name  |
+------------+
| Mouse House|
| E Fudd     |
+------------+
```

 NULL 与不匹配　在通过过滤选择出不具有特定值的行时，你可能希望返回具有 NULL 值的行。但这行不通。因为 NULL 具有特殊的含义，数据库不知道它们是否匹配，所以在匹配过滤或不匹配过滤时不返回它们。

因此，在过滤数据时，一定要验证返回数据中确实包含被过滤列具有 NULL 的行。

6.3   小结

本章介绍了如何使用 SELECT 语句的 WHERE 子句过滤返回的数据。我们学习了如何对等值、不等值、大于、小于、范围、NULL 值等进行测试。

6.4   挑战题

(1) 编写一个 SQL 语句，从 products 表中检索产品 ID（prod_id）和产品名称（prod_name），并仅返回价格为 9.49 美元的产品。

(2) 编写一个 SQL 语句，从 products 表中检索产品 ID（prod_id）和产品名称（prod_name），并仅返回价格大于或者等于 9 美元的产品。

(3) 现在，你将测试在第 5 章和本章中学到的知识。编写一个 SQL 语句，从 orderitems 表中检索出物品数量达到 100 或以上的订单的唯一订单号（order_num）列表。

(4) 编写一个 SQL 语句，返回 products 表中所有价格在 3 美元和 6 美元之间产品的名称（prod_name）和价格（prod_price）。然后按价格进行排序。（本题有多种解决方案，第 7 章会再次进行讨论，但你可以运用到目前为止学到的知识来解决它。）

高级数据过滤

本章将讲授如何组合 WHERE 子句以创建强大和复杂的搜索条件。我们还将学习如何使用 NOT 运算符和 IN 运算符。

7.1　组合 WHERE 子句

第 6 章中介绍的所有 WHERE 子句在过滤数据时使用的都是单一的条件。为了更精细地控制过滤条件，MySQL 允许指定多个 WHERE 子句。这些子句可以以两种方式使用：AND 子句的方式和 OR 子句的方式。

7.1.1　AND 运算符

为了按多列进行过滤，可以使用 AND 运算符给 WHERE 子句附加条件。下面的代码给出了一个例子：

输入
```
SELECT prod_id, prod_price, prod_name
FROM products
WHERE vend_id = 1003 AND prod_price <= 10;
```

分析　此 SQL 语句用于检索由供应商 1003 制造且价格小于等于 10 美元的所有产品的名称和价格。这个 SELECT 语句中的 WHERE 子句包含两个条件，并且用 AND 关键字连接它们。AND 指示 MySQL 只返回满足所有给定条件的行。如果某个产品由供应商 1003 制造，但它的价格高于 10 美元，则不会被检索。类似地，如果产品价格低于 10 美元，但不是由指定供应商制造的，那么也不会被检索。这个 SQL 语句产生的输出如下所示。

输出
```
+---------+------------+----------------+
| prod_id | prod_price | prod_name      |
+---------+------------+----------------+
| FB      |      10.00 | Bird seed      |
| FC      |       2.50 | Carrots        |
```

```
| SLING    |     4.49 | Sling          |
| TNT1     |     2.50 | TNT (1 stick)  |
| TNT2     |    10.00 | TNT (5 sticks) |
+----------+----------+----------------+
```

 AND   用在 WHERE 子句中的关键字，用来指示检索满足所有给定条件的行。

上述例子中使用了只包含一个 AND 的语句把两个过滤条件组合在一起。还可以添加多个过滤条件，每添加一个就要使用一个 AND。

7.1.2   OR 运算符

与 AND 运算符不同，OR 运算符会指示 MySQL 检索满足任一条件的行。

请看下面这个 SELECT 语句：

```
SELECT prod_name, prod_price
FROM products
WHERE vend_id = 1002 OR vend_id = 1003;
```

分析   此 SQL 语句用于检索由任一个指定供应商制造的所有产品的产品名称和价格。OR 运算符告诉 MySQL 匹配任一条件而不是同时匹配两个条件。如果这里使用的是 AND 运算符，则没有数据返回（此时创建的 WHERE 子句不会检索到匹配的产品）。这个 SQL 语句产生的输出如下所示。

输出

```
+----------------+------------+
| prod_name      | prod_price |
+----------------+------------+
| Detonator      |      13.00 |
| Bird seed      |      10.00 |
| Carrots        |       2.50 |
| Fuses          |       3.42 |
| Oil can        |       8.99 |
| Safe           |      50.00 |
| Sling          |       4.49 |
| TNT (1 stick)  |       2.50 |
| TNT (5 sticks) |      10.00 |
+----------------+------------+
```

OR WHERE 子句中的关键字，用来表示检索满足任一给定条件的行。

7.1.3 运算符的优先级

WHERE 子句可以包含任意数目的 AND 运算符和 OR 运算符。我们可以将两者组合在一起以进行复杂和高级的过滤。

但是，组合 AND 运算符和 OR 运算符带来了一个有趣的问题。为了说明这个问题，先来看一个例子。假如需要列出价格大于等于 10 美元且由供应商 1002 或供应商 1003 制造的所有产品。下面的 SELECT 语句将 AND 运算符和 OR 运算符组合在一起建立了一个 WHERE 子句：

输入
```
SELECT prod_name, prod_price
FROM products
WHERE vend_id = 1002
    OR vend_id = 1003
    AND prod_price >= 10;
```

输出
```
+---------------+------------+
| prod_name     | prod_price |
+---------------+------------+
| Detonator     |      13.00 |
| Bird seed     |      10.00 |
| Fuses         |       3.42 |
| Oil can       |       8.99 |
| Safe          |      50.00 |
| TNT (5 sticks)|      10.00 |
+---------------+------------+
```

分析 请看上面的结果。返回的行中有两行价格低于 10 美元，显然，返回的行未按预期进行过滤。为什么会这样呢？原因在于运算符的优先级。与大多数其他语言一样，SQL 在处理 OR 运算符前会优先处理 AND 运算符。当 SQL 看到上述 WHERE 子句时，它理解为"由供应商 1003 制造的任何价格大于等于 10 美元的产品，或者由供应商 1002 制造的任何产品，而不管其价格如何"。换句话说，由于 AND 运算符在计算次序中优先级更高，因此这里运算符被错误地组合了。

此问题的解决方法是，使用圆括号明确地分组相应的运算符。请看下面的 SELECT 语句及其输出：

输入

```
SELECT prod_name, prod_price
FROM products
WHERE (vend_id = 1002 OR vend_id = 1003)
   AND prod_price >= 10;
```

输出

```
+----------------+------------+
| prod_name      | prod_price |
+----------------+------------+
| Detonator      |      13.00 |
| Bird seed      |      10.00 |
| Safe           |      50.00 |
| TNT (5 sticks) |      10.00 |
+----------------+------------+
```

分析   与前一个 SELECT 语句的唯一差别是，这个 SELECT 语句的前两
个 WHERE 子句条件用圆括号括了起来。因为与 AND 运算符或 OR
运算符相比，圆括号具有更高的优先级，所以 MySQL 会首先过滤圆括
号内的 OR 条件。这时，SQL 语句变成了"选择由供应商 1002 或供应商
1003 制造的且价格大于等于 10 美元的任何产品"，这正是我们想要的。

在 WHERE 子句中使用圆括号   任何时候使用具有 AND 运算符
和 OR 运算符的 WHERE 子句都应该用圆括号明确地分组运算
符。不要过分依赖默认计算次序，哪怕它的计算结果是正确
的。使用圆括号没有什么坏处，它能消除歧义。

7.2   IN 运算符

下面我们来看一下圆括号在 WHERE 子句中的另外一种用法。IN 运算
符用于指定一系列条件，其中任何一个条件都可以匹配。IN 后面跟着用
逗号分隔的有效值列表，所有值都要括在圆括号中。下面的例子说明了
这个运算符：

输入

```
SELECT prod_name, prod_price
FROM products
WHERE vend_id IN (1002,1003)
ORDER BY prod_name;
```

输出

```
+----------------+------------+
| prod_name      | prod_price |
+----------------+------------+
| Bird seed      |      10.00 |
```

```
| Carrots       |      2.50 |
| Detonator     |     13.00 |
| Fuses         |      3.42 |
| Oil can       |      8.99 |
| Safe          |     50.00 |
| Sling         |      4.49 |
| TNT (1 stick) |      2.50 |
| TNT (5 sticks)|     10.00 |
+---------------+-----------+
```

分析 此 SELECT 语句用于检索由供应商 1002 和供应商 1003 制造的所有产品。IN 运算符后跟由逗号分隔的有效值列表，整个列表必须括在圆括号中。

如果你认为 IN 运算符实现了与 OR 运算符相同的目标，那么你的这种猜测是对的。下面的 SQL 语句可以完成与上面的例子相同的工作。

输入
```
SELECT prod_name, prod_price
FROM products
WHERE vend_id = 1002 OR vend_id = 1003
ORDER BY prod_name;
```

输出
```
+---------------+-----------+
| prod_name     | prod_price|
+---------------+-----------+
| Bird seed     |     10.00 |
| Carrots       |      2.50 |
| Detonator     |     13.00 |
| Fuses         |      3.42 |
| Oil can       |      8.99 |
| Safe          |     50.00 |
| Sling         |      4.49 |
| TNT (1 stick) |      2.50 |
| TNT (5 sticks)|     10.00 |
+---------------+-----------+
```

为什么要使用 IN 运算符？其优点具体如下。

❑ 在使用长的有效值列表时，IN 运算符的语法更清楚且更易读。

❑ 在使用 IN 运算符时，计算的次序更容易管理（因为使用的运算符更少）。

❑ IN 运算符几乎总是比 OR 运算符清单执行得更快。

❑ IN 运算符的最大优点是可以包含其他 SELECT 语句，以便你能更动态地建立 WHERE 子句。第 14 章将对此进行详细介绍。

IN　WHERE 子句中用来指定要匹配值的列表的关键字，功能与 OR 相当。

7.3　NOT 运算符

　　WHERE 子句中的 NOT 运算符有且只有一个功能，那就是否定它之后所跟的任何条件。

    NOT　WHERE 子句中用来否定后跟条件的关键字。

　　下面的例子演示了 NOT 的使用。为了列出除 DLL01 之外的所有供应商制造的产品，可以编写如下代码：

输入
```
SELECT prod_name
FROM products
WHERE NOT vend_id = 'DLL01'
ORDER BY prod_name;
```

输出
```
+----------------+
| prod_name      |
+----------------+
| .5 ton anvil   |
| 1 ton anvil    |
| 2 ton anvil    |
| Bird seed      |
| Carrots        |
| Detonator      |
| Fuses          |
| JetPack 1000   |
| JetPack 2000   |
| Oil can        |
| Safe           |
| Sling          |
| TNT (1 stick)  |
| TNT (5 sticks) |
+----------------+
```

分析　这里的 NOT 用于否定跟在它之后的条件，因此，MySQL 不是匹配供应商 DLL01 的 vend_id，而是匹配除 DLL01 之外供应商的 vend_id。

　　此示例也可以使用 != 编写而不使用 NOT（参见第 6 章）：

输入
```
SELECT prod_name
FROM products
WHERE vend_id != 'DLL01'
ORDER BY prod_name;
```

实际上，它也可以写成如下形式：

输入
```
SELECT prod_name
FROM products
WHERE vend_id <> 'DLL01'
ORDER BY prod_name;
```

分析　为什么要使用 NOT？对于这里给出的简单 WHERE 子句，实际上并没有使用 NOT 的优势。

但是，在更复杂的子句中，NOT 非常有用。例如，将 NOT 运算符与 IN 运算符结合使用，可以非常容易地找出与条件列表不匹配的所有行。以下示例演示了这一点。要列出除供应商 1002 和供应商 1003 之外的所有供应商生产的产品，可以使用以下方法：

输入
```
SELECT prod_name, prod_price
FROM products
WHERE vend_id NOT IN (1002,1003)
ORDER BY prod_name;
```

输出
```
+--------------+------------+
| prod_name    | prod_price |
+--------------+------------+
| .5 ton anvil |       5.99 |
| 1 ton anvil  |       9.99 |
| 2 ton anvil  |      14.99 |
| JetPack 1000 |      35.00 |
| JetPack 2000 |      55.00 |
+--------------+------------+
```

分析　这里的 NOT 用于否定其后的条件。因此，MySQL 将 vend_id 与不是 1002 或 1003 的任何值相匹配，而不是将 vend_id 与 1002 或 1003 相匹配。

为什么使用 NOT？对于简单的 WHERE 子句，使用 NOT 确实没有什么优势。但在更复杂的子句中，NOT 是非常有用的。例如，在与 IN 运算符联合使用时，NOT 使找出与条件列表不匹配的行变得非常简单。

通常不止一种解决方案   正如你在这里看到的，编写 SQL 语句的方法通常不止一种。当你处理大型数据集时，可能会有性能差异，比如一个语句比另一个语句更快。但对于较小的数据集，你所使用的语法通常与个人偏好有关。

 MySQL 中的 NOT   MySQL 支持使用 NOT 来否定 IN 子句、BETWEEN 子句和 EXISTS 子句，这与大多数其他 DBMS 不同，后者允许使用 NOT 来否定任何条件。

7.4   小结

本章不仅讲授了如何用 AND 运算符和 OR 运算符组合成 WHERE 子句，还讲授了如何明确地管理运算的次序，以及如何使用 IN 运算符和 NOT 运算符。

7.5   挑战题

(1) 编写一个 SQL 语句，从 vendors 表中检索供应商名称（vend_name），并仅返回加利福尼亚州的供应商。（这需要同时按国家[USA]和州 [CA]进行过滤。毕竟，除了美国，其他地方可能也有加利福尼亚州。）
    提示：过滤器需要匹配字符串。

(2) 编写一个 SQL 语句，查找至少订购了 100 件 BR01、BR02 或 BR03 的订单。你需要返回 orderitems 表中的订单号（order_num）、产品 ID（prod_id）和数量，并根据产品 ID 和数量进行过滤。
    提示：根据编写过滤条件的方式，可能需要重点关注求值顺序。

(3) 现在，回顾一下第 6 章中的挑战题。编写一个 SQL 语句，返回 products 表中价格在 3 美元和 6 美元之间的所有产品的名称（prod_name）和价格（prod_price）。使用 AND 运算符，并按价格对结果进行排序。

(4) 以下 SQL 语句有什么问题？（尝试在不运行的情况下指出。）

```
SELECT vend_name
FROM vendors
ORDER BY vend_name
WHERE vend_country = 'USA' AND vend_state = 'CA';
```

第 8 章

用通配符进行过滤

本章将介绍什么是通配符、如何使用通配符以及如何使用 LIKE 运算符进行通配搜索，以便对数据进行复杂过滤。

8.1 LIKE 运算符

前面介绍的所有运算符都是针对已知值进行过滤的。无论是匹配一个或多个值、测试大于或小于已知值，还是检查某个范围的值，共同点是过滤中使用的值都是已知的。但是，这种过滤方法并不是任何时候都适用。例如，如何搜索产品名称中包含词 anvil 的所有产品？用简单的比较运算符肯定不行，必须使用通配符。

利用通配符可以创建比较特定数据的搜索模式。如果你想找出名称中包含 anvil 的所有产品，那么就可以构造一个通配符搜索模式，找出产品名称中任何位置出现 anvil 的产品。

 通配符（wildcard） 用来匹配值的一部分的特殊字符。

 搜索模式（search pattern）[①] 由字面值、通配符或两者组合构成的搜索条件。

实际上，通配符本身是 SQL 的 WHERE 子句中具有特殊含义的字符，SQL 支持多种通配符类型。

为了在搜索子句中使用通配符，必须使用 LIKE 运算符。LIKE 指示MySQL 使用通配符匹配而不是直接等值匹配来比较其后的搜索模式。

---

① 数据库中的 schema（参见 1.1.2 节）和 pattern 都译作"模式"，特此说明，请读者注意。——编者注

谓词　运算符何时不是运算符？答案是在它作为**谓词**（predicate）时。从技术上讲，LIKE 是谓词而不是运算符。虽然最终的结果是相同的，但我们应该对此术语有所了解，以免在 SQL 文档中遇到此术语时不知道是怎么回事。

8.1.1　百分号（%）通配符

我们最常使用的通配符是百分号（%）。在搜索字符串中，%表示"匹配任意数量的任意字符"。例如，为了找出所有以 jet 开头的产品，可以使用以下 SELECT 语句：

输入
```
SELECT prod_id, prod_name
FROM products
WHERE prod_name LIKE 'jet%';
```

输出
```
+---------+-------------+
| prod_id | prod_name   |
+---------+-------------+
| JP1000  | JetPack 1000 |
| JP2000  | JetPack 2000 |
+---------+-------------+
```

分析　此例子使用了搜索模式'jet%'。在执行这个子句时，将检索任意以 jet 开头的词。%告诉 MySQL 匹配 jet 之后的任意字符，不管它有多少个字符。

 区分大小写　根据 MySQL 的配置方式，搜索可以是区分大小写的。如果区分大小写，那么'jet%'与 JetPack 1000 将不匹配。

通配符可以在搜索模式中的任意位置使用，并且可以使用多个通配符。下面的例子使用了两个通配符，它们分别位于模式的两端：

输入
```
SELECT prod_id, prod_name
FROM products
WHERE prod_name LIKE '%anvil%';
```

```
+---------+--------------+
| prod_id | prod_name    |
+---------+--------------+
| ANV01   | .5 ton anvil |
| ANV02   | 1 ton anvil  |
| ANV03   | 2 ton anvil  |
+---------+--------------+
```

 搜索模式'%anvil%'表示"匹配任何包含词 anvil 的值,无论该文本前后有什么字符"。

通配符也可以出现在搜索模式的中间,虽然这样做用处不大。下面的例子找出了以 s 开头以 e 结尾的所有产品:

```
SELECT prod_name
FROM products
WHERE prod_name LIKE 's%e';
```

重要的是要注意到,除了匹配一个或多个字符,%还能匹配 0 个字符。%代表搜索模式中给定位置的 0 个、1 个或多个字符。

> **注意尾空格** 尾空格可能会干扰通配符匹配。例如,在保存词 anvil 时,如果它后面有一个或多个空格,那么子句 WHERE prod_name LIKE '%anvil'就不会匹配它们,因为在最后的 l 后有多余的字符。解决这个问题的一种简单的方法是在搜索模式最后附加一个%。一种更好的方法是使用函数(参见第 11 章)去掉首尾空格。

> **注意 NULL** 虽然似乎%通配符可以匹配任何东西,但有一个例外,即 NULL。即使是 WHERE prod_name LIKE '%'也不能匹配用 NULL 作为产品名称的行。

8.1.2 下划线(_)通配符

另一个有用的通配符是下划线(_)。下划线的用途与%一样,但下划线只匹配单个字符,不匹配多个字符。

举一个例子：

输入
```
SELECT prod_id, prod_name
FROM products
WHERE prod_name LIKE '_ ton anvil';
```

输出
```
+---------+-------------+
| prod_id | prod_name   |
+---------+-------------+
| ANV02   | 1 ton anvil |
| ANV03   | 2 ton anvil |
+---------+-------------+
```

分析 此 WHERE 子句中的搜索模式给出了后面跟有文本的通配符。结果只显示匹配搜索模式的行：第 1 行中下划线匹配 1，第 2 行中匹配 2。.5 ton anvil 产品没有匹配，因为搜索模式只匹配一个字符，而不是两个。对照一下，下面的 SELECT 语句使用%通配符返回了 3 行产品：

输入
```
SELECT prod_id, prod_name
FROM products
WHERE prod_name LIKE '% ton anvil';
```

输出
```
+---------+-------------+
| prod_id | prod_name   |
+---------+-------------+
| ANV01   | .5 ton anvil |
| ANV02   | 1 ton anvil |
| ANV03   | 2 ton anvil |
+---------+-------------+
```

分析 与%能匹配 0 个字符不一样，_总是匹配一个字符，不能多也不能少。

8.2 使用通配符的技巧

正如你所看到的，MySQL 的通配符很有用。但这种功能是有代价的：通配符搜索的处理通常要比前面讨论的其他搜索所花时间更长。下面给出了使用通配符时需要记住的一些技巧。

❑ 不要过度使用通配符。如果其他搜索运算符能达到相同的目的，则应该使用其他搜索运算符。

❑ 在确实需要使用通配符时，除非绝对有必要，否则不要把它们用在搜索模式的开始处。这是因为如果把通配符置于搜索模式的开始处，那么搜索起来是最慢的。

❑ 注意通配符的位置。如果放错地方，那么可能不会返回你想要的数据。

总之，通配符是一种极其重要且有用的搜索工具，以后我们经常会用到它。

8.3   小结

本章介绍了什么是通配符以及如何在 WHERE 子句中使用 SQL 通配符，说明了应该细心且不要过度使用通配符。

8.4   挑战题

(1) 编写一个 SQL 语句，从 products 表中检索产品名称（prod_name）和产品描述（prod_desc），并仅返回产品描述中包含词 toy 的产品。

(2) 反过来再来一次。编写一个 SQL 语句，从 products 表中检索产品名称（prod_name）和产品描述（prod_desc），并仅返回产品描述中不包含词 toy 的产品。这次按照产品名称对结果进行排序。

(3) 编写一个 SQL 语句，从 products 表中检索产品名称（prod_name）和产品描述（prod_desc），并仅返回产品描述中同时包含词 toy 和 carrots 的产品。有几种方法可以执行此操作，但对于这个挑战题，可以使用一个 AND 和两个 LIKE。

(4) 来个有点儿棘手的。我没有特别向你展示这种语法，但你可以根据到目前为止学到的知识来看看是否能弄清楚。编写一个 SQL 语句，从 products 表中检索产品名称（prod_name）和产品描述（prod_desc），并仅返回以先后顺序同时出现词 toy 和 carrots 的产品。

提示：只需用带 3 个%的 LIKE 即可。

第 9 章

用正则表达式进行搜索

本章将学习如何在 MySQL 的 WHERE 子句内使用正则表达式来更好地控制数据过滤。

9.1　正则表达式介绍

前两章中的过滤例子允许使用匹配、比较和通配运算符寻找数据。对于基本的过滤（或者甚至是某些不那么基本的过滤），这样就足够了。但随着过滤条件的复杂性的增加，WHERE 子句本身的复杂性也有必要增加。这也正是正则表达式变得有用的地方。

正则表达式是用来匹配文本的特殊的字符串（字符集合）。如果你想从一个文本文件中提取电话号码，可以使用正则表达式；如果你需要查找名字中间有数字的所有文件，可以使用正则表达式；如果你想在一个文本块中找到所有重复的单词，可以使用正则表达式；如果你想将一个页面中的所有 URL 替换为这些 URL 的实际 HTML 链接，也可以使用正则表达式（对于最后这个例子，或者是使用两个正则表达式）。

各种程序设计语言、文本编辑器、操作系统等都支持正则表达式。资深的程序员和网络管理员长期以来把正则表达式视为他们技术工具箱中不可或缺的一部分。

正则表达式是使用正则表达式语言创建的，这是一种专门设计用来执行前述操作及更多功能的专用语言。和其他任何语言一样，正则表达式语言有特定的语法和指令，你必须学习掌握。

学习更多内容　完全覆盖正则表达式的内容超出了本书的范畴。虽然基础知识都在这里做了介绍，但对正则表达式更为透彻的介绍可能还需要参阅我的另一本书——《正则表达式必知必会》[①]。

9.2　使用 MySQL 正则表达式

正则表达式与 MySQL 有何关系？前面已经说过，正则表达式的作用是匹配文本，将一个模式（正则表达式）与一个文本字符串进行比较。MySQL 用 WHERE 子句对正则表达式提供了初步的支持，允许你指定正则表达式，过滤 SELECT 语句检索出的数据。

 仅为正则表达式语言的一个子集　如果你熟悉正则表达式，那么需要注意：MySQL 仅支持大多数正则表达式实现的一个很小的子集。本章会介绍 MySQL 支持的大多数内容。

下面我们来举几个例子，以便更清晰地描述正则表达式的概念。

9.2.1　基本字符匹配

我们从一个非常简单的例子开始。下面的语句可以检索 prod_name 列中所有包含文本 1000 的行：

```
SELECT prod_name
FROM products
WHERE prod_name REGEXP '1000'
ORDER BY prod_name;
```

```
+ --------------- +
| prod_name       |
+ --------------- +
| JetPack 1000    |
+ --------------- +
```

---

① 该书已由人民邮电出版社出版。——编者注

分析 　除关键字 LIKE 被 REGEXP 替代外，这个语句看上去非常像使用 LIKE 的语句（参见第 8 章）。它告诉 MySQL：REGEXP 后面的内容作为正则表达式（用于匹配字面值 1000 的一个正则表达式）处理。

　　为什么要费力地使用正则表达式呢？在刚才的例子中，正则表达式确实没有带来太多好处（可能还会降低性能），不过，请考虑下面的例子：

输入
```
SELECT prod_name
FROM products
WHERE prod_name REGEXP '.000'
ORDER BY prod_name;
```

输出
```
+--------------- +
| prod_name      |
+--------------- +
| JetPack 1000   |
| JetPack 2000   |
+--------------- +
```

分析 　这里使用了正则表达式 .000。句点（.）是正则表达式语言中一个特殊的字符。它表示"匹配任意一个字符"，因此，1000 和 2000 都匹配并且会被返回。

　　当然，这个特殊的例子也可以使用 LIKE 和通配符来完成（参见第 8 章）。

 LIKE 与 REGEXP　LIKE 和 REGEXP 之间有一个非常重要的区别。请看以下两个语句：

```
SELECT prod_name
FROM products
WHERE prod_name LIKE '1000'
ORDER BY prod_name;
```

和

```
SELECT prod_name
FROM products
WHERE prod_name REGEXP '1000'
ORDER BY prod_name;
```

如果执行上述语句, 你会发现第一个语句不会返回数据, 而第二个语句会返回一行。为什么?

正如第 8 章所述, LIKE 可以匹配整列。如果被匹配的文本在列值中间出现, 那么 LIKE 将不会找到它, 相应的行也不会被返回 (除非使用通配符)。而 REGEXP 在列值内进行匹配, 如果被匹配的文本在列值中出现, 那么 REGEXP 将会找到它, 相应的行会被返回。这是一个非常重要的区别。

那么, REGEXP 能不能用来匹配整个列值 (从而起到与 LIKE 相同的作用)? 答案是肯定的, 使用定位符 (anchor) ∧和$即可, 本章后面会介绍。

 匹配不区分大小写 MySQL 中的正则表达式匹配不区分大小写 (大写和小写都匹配)。如果想区分大小写, 可以使用 BINARY 关键字, 比如 WHERE prod_name REGEXP BINARY 'JetPack .000'。

9.2.2 进行 OR 匹配

要搜索两个字符串中的一个 (可以是任意一个), 可以使用|, 如下所示:

```
SELECT prod_name
FROM products
WHERE prod_name REGEXP '1000|2000'
ORDER BY prod_name;
```

```
+---------------+
| prod_name     |
+---------------+
| JetPack 1000  |
| JetPack 2000  |
+---------------+
```

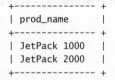 上述语句中使用了正则表达式 1000|2000。|是正则表达式的 OR 运算符。它表示 "匹配其中之一", 因此 1000 和 2000 都匹配并且会被返回。

在功能上，|类似于在 SELECT 语句中使用 OR 语句，多个 OR 条件可以并入单个正则表达式中。

 两个以上的 OR 条件 可以给出两个以上的 OR 条件。例如，'1000|2000|3000'将匹配 1000 或 2000 或 3000。

9.2.3 匹配几个字符之一

.可以匹配任何单一字符。但是，如果你只想匹配特定的字符，该怎么办？可以通过指定一组用[和]括起来的字符来完成，如下所示：

输入
```
SELECT prod_name
FROM products
WHERE prod_name REGEXP '[123] Ton'
ORDER BY prod_name;
```

输出
```
+-------------- +
| prod_name    |
+-------------- +
| 1 ton anvil  |
| 2 ton anvil  |
+-------------- +
```

分析 这里使用了正则表达式[123] Ton。[123]用于定义一组字符，它的意思是匹配 1 或 2 或 3，因此，1 ton 和 2 ton 都匹配而且会被返回（没有 3 ton）。

正如你所看到的，[]是另一种形式的 OR 语句。事实上，正则表达式[123] Ton 是[1|2|3] Ton 的缩写，因此我们也可以使用后者。注意，需要用[]来定义 OR 语句查找什么。为了更好地理解这一点，请看下面的例子：

输入
```
SELECT prod_name
FROM products
WHERE prod_name REGEXP '1|2|3 Ton'
ORDER BY prod_name;
```

输出
```
+---------------- +
| prod_name      |
+---------------- +
```

```
| 1 ton anvil     |
| 2 ton anvil     |
| JetPack 1000    |
| JetPack 2000    |
| TNT (1 stick)   |
+--------------- +
```

分析　这并不是期望的输出。虽然两个要求的行被检索出来了，但还
检索出了另外 3 行。之所以会这样，是因为 MySQL 假定你的
意思是匹配 1 或 2 或 3 Ton。除非把字符|括在一个集合中，否则它将应
用于整个字符串。

　　字符集合也可以被否定。也就是说，你可以告诉 MySQL 匹配除指
定字符外的任何字符。要否定一个字符集，只需在集合的开始处放置一
个^即可。因此，[123]匹配字符 1、2 或 3，而[^123]匹配除了这些字
符之外的任何字符。

9.2.4　匹配范围

　　集合可以用来定义要匹配的一个或多个字符。例如，集合[0123456789]
可以匹配数字 0~9。

　　为了简化上述集合，可以使用-来定义一个范围。例如，[0-9]在功
能上等同于[0123456789]。

　　范围不限于完整的集合，[1-3]和[6-9]也是合法的范围。此外，范
围不一定只是数值形式，例如，[a-z]可以匹配任意字母字符。

　　下面我们来举一个例子：

输入
```
SELECT prod_name
FROM products
WHERE prod_name REGEXP '[1-5] Ton'
ORDER BY prod_name;
```

输出
```
+--------------- +
| prod_name     |
+--------------- +
| .5 ton anvil  |
| 1 ton anvil   |
| 2 ton anvil   |
+--------------- +
```

分析 这里使用了正则表达式[1-5] Ton。[1-5]定义了一个范围，这个表达式的意思是"匹配1~5"，因此返回了3行。由于 5 ton 匹配，因此返回了.5 ton。

9.2.5 匹配特殊字符

正则表达式语言由具有特定含义的特殊字符构成。我们已经看到.、[]、|和-，还有其他一些字符。那么，如果你需要匹配这些字符，应该怎么办？如果要找出包含.字符的值，应该怎样搜索？请看下面的例子：

输入
```
SELECT vend_name
FROM vendors
WHERE vend_name REGEXP '.'
ORDER BY vend_name;
```

输出
```
+----------------+
| vend_name      |
+----------------+
| ACME           |
| Anvils R Us    |
| Furball Inc.   |
| Jet Set        |
| Jouets Et Ours |
| LT Supplies    |
+----------------+
```

分析 这并不是期望的输出，.匹配任意字符，因此每行都被检索出来了。

为了匹配特殊字符，必须以\\为前导。\\-表示"查找-"，\\.表示"查找."。

输入
```
SELECT vend_name
FROM vendors
WHERE vend_name REGEXP '\\.'
ORDER BY vend_name;
```

输出
```
+---------------+
| vend_name     |
+---------------+
| Furball Inc.  |
+---------------+
```

分析   这才是期望的输出。\\.匹配.，所以只检索出一行。这种处理
就是所谓转义（escaping），正则表达式内具有特殊意义的所有
字符都必须以这种方式转义，包括.、|、[]以及迄今为止我们使用过的
其他特殊字符。

\\也可以用来引用元字符（具有特殊含义的字符），如表 9-1 所示。

表 9-1　空白元字符

元　字　符	说　　　明
\\f	换页
\\n	换行
\\r	回车
\\t	制表
\\v	纵向制表

匹配　为了匹配反斜杠（\）字符本身，需要使用\\\。

\或\\?　大多数正则表达式实现使用单个反斜杠转义特殊字
符，以便能使用这些字符本身。但 MySQL 需要两个反斜杠。
（MySQL 自己解释一个，正则表达式库解释另一个。）

9.2.6　匹配字符类

有些匹配模式你会经常使用：数字、所有字母字符、所有字母数字
字符，等等。为了方便工作，可以使用名为**字符类**（character class）的
预定义的字符集合。表 9-2 列出了字符类以及它们的含义。

表9-2 字符类

类	说　　明
[:alnum:]	任意字母或数字（同[a-zA-Z0-9]）
[:alpha:]	任意字母（同[a-zA-Z]）
[:blank:]	空格或制表（同[\\t]）
[:cntrl:]	ASCII 控制字符（ASCII 0 到 31 和 127）
[:digit:]	任意数字（同[0-9]）
[:graph:]	任意可打印字符（与[:print:]相同，但不包括空格）
[:lower:]	任意小写字母（同[a-z]）
[:print:]	任意可打印字符
[:punct:]	既不在[:alnum:]中又不在[:cntrl:]中的任意字符
[:space:]	包括空格在内的任意空白字符（同[\\f\\n\\r\\t\\v]）
[:upper:]	任意大写字母（同[A-Z]）
[:xdigit:]	任意十六进制数字（同[a-fA-F0-9]）

9.2.7　匹配多个实例

目前为止我们使用的所有正则表达式都试图匹配单次出现。如果存在一个匹配，那么该行就会被检索出来；如果不存在匹配，则检索不出任何行。但有时需要对匹配的数目进行更精确的控制。例如，你可能想要寻找所有的数值，不管数值中包含多少个数字，或者你可能想要寻找一个单词并且还能够适应一个尾随的 s（如果存在的话），等等。

这可以用表 9-3 中列出的正则表达式重复元字符来完成。

表9-3　重复元字符

元　字　符	说　　明
*	0个或多个匹配
+	1个或多个匹配（等于{1,}）
?	0个或 1个匹配（等于{0,1}）
{n}	指定数目的匹配
{n,}	不少于指定数目的匹配
{n,m}	匹配数目的范围（m 不超过 255）

考虑下面这个例子：

输入
```
SELECT prod_name
FROM products
WHERE prod_name REGEXP '\\([0-9] sticks?\\)'
ORDER BY prod_name;
```

输出
```
+---------------- +
| prod_name       |
+---------------- +
| TNT (1 stick)   |
| TNT (5 sticks)  |
+---------------- +
```

分析 正则表达式\\([0-9] sticks?\\)需要解说一下。\\(匹配(,
[0-9]匹配任意数字（在这个例子中为 1 和 5），sticks?匹配
stick 和 sticks（s 后的?使 s 可选，因为?匹配它前面的任何字符的 0
次或 1 次出现），\\)匹配)。如果没有?，那么同时匹配 stick 和 sticks
会非常困难。

以下是另一个例子。这次我们打算匹配连在一起的 4 位数字：

输入
```
SELECT prod_name
FROM products
WHERE prod_name REGEXP '[[:digit:]]{4}'
ORDER BY prod_name;
```

输出
```
+-------------- +
| prod_name     |
+-------------- +
| JetPack 1000  |
| JetPack 2000  |
+-------------- +
```

分析 如前所述，[:digit:]匹配任意数字，因而它是数字的一个集
合。{4}确切地要求它前面的字符（任意数字）出现 4 次，所
以[[:digit:]]{4}匹配任意 4 个连续的数字。

需要注意的是，在使用正则表达式时，编写某个特殊的表达式几乎
总有不止一种方法。上面的例子也可以像下面这样编写。

```
SELECT prod_name
FROM products
WHERE prod_name REGEXP '[0-9][0-9][0-9][0-9]'
ORDER BY prod_name;
```

9.2.8 定位符

目前为止的所有例子都是匹配一个字符串中任意位置的文本。为了匹配特定位置的文本，需要使用表 9-4 中列出的定位元字符。

表 9-4 定位元字符

元 字 符	说 明
^	文本的开始
$	文本的结尾
[[:<:]]	词的开始
[[:>:]]	词的结尾

如果想找出以一个数值（包括以小数点开始的数值）开始的所有产品，该怎么办？简单搜索[0-9\\.]（或[[:digit:]]\\.）是行不通的，因为它将在文本内任意位置查找匹配。解决办法是使用^定位符，如下所示：

```
SELECT prod_name
FROM products
WHERE prod_name REGEXP '^[0-9\\.]'
ORDER BY prod_name;
```

输出
```
+--------------- +
| prod_name      |
+--------------- +
| .5 ton anvil   |
| 1 ton anvil    |
| 2 ton anvil    |
+--------------- +
```

分析　^匹配字符串的开始。因此，^[0-9\\.]只在.或任意数字为字符串中第一个字符时才匹配它们。如果没有^，则还要多检索出 4 行（那些中间有数字的行）。

∧的双重用途 ∧有两种用法：一是在一个集合（用[和]定义）中用于否定该集合，二是用于指代字符串的开始。

 使 REGEXP 起类似 LIKE 的作用 本章前面说过，LIKE 和 REGEXP 的不同之处在于，LIKE 匹配整个字符串而 REGEXP 匹配子字符串。利用定位符，可以通过在表达式的开头加上∧并在末尾加上 $，使 REGEXP 的行为与 LIKE 完全相同。

 简单的正则表达式测试 可以在不使用数据库表的情况下用 SELECT 来测试正则表达式。REGEXP 检查总是返回 0（没有匹配）或 1（匹配）。可以使用 REGEXP 和字面字符串来测试表达式并进行实验。相应的语法如下所示：

SELECT 'hello' REGEXP '[0-9]';

这个例子显然会返回 0（因为词 hello 中没有数字）。

9.3　小结

本章介绍了正则表达式的基础知识，以及我们如何在 MySQL 的 SELECT 语句中通过 REGEXP 关键字使用它们。

9.4　挑战题

(1) 使用正则表达式返回名称以数字结尾的所有产品。

(2) 本章我们学习了如何使用 REGEXP 来匹配包含数字的文本。你能想出如何只匹配名称中不含数字的产品吗？ **提示**：可以否定整个匹配（参见第 7 章）。

(3) 这个有点儿棘手。products 表中列出的一些产品的名称由多个单词组成。使用正则表达式仅返回名称由 3 个或 3 个以上单词组成的产品。**提示**：寻找单词之间的空格。

第 10 章

创建计算字段

本章将介绍什么是计算字段、如何创建计算字段以及如何使用别名在应用程序中引用它们。

10.1 计算字段

存储在数据库表中的数据有时候不是应用程序所需要的格式。下面举几个例子。

- ❑ 需要在一个字段中既显示公司名称，又显示公司地址，但这两个信息一般包含在不同的表列中。
- ❑ 城市、州和邮政编码存储在不同的列中（应该这样），但邮件标签打印程序需要把它们作为一个恰当格式的字段检索出来。
- ❑ 列数据是大小写混合的，但报表程序需要把所有数据按大写表示出来。
- ❑ 物品订单表存储物品的价格和数量，但不需要存储每件物品的总价（用价格乘以数量即可）。为了打印发票，需要物品的总价。
- ❑ 需要根据表数据进行总数、平均数或其他方面的计算。

在上述每个例子中，存储在表中的数据都不是应用程序直接需要的。我们需要直接从数据库中检索出经转换、计算或格式化的数据，而不是检索出数据后再在客户端应用程序或报告程序中重新格式化。

这就是计算字段的作用所在。与前面各章中介绍过的列不同，计算字段并不实际存在于数据库表中。计算字段是运行时在 SELECT 语句内创建的。

字段（field） 基本上与**列**（column）的意思相同，二者经常互换使用，不过数据库列一般称为**列**，而术语**字段**通常与计算字段一起使用。

　　重要的是要注意到，只有数据库知道 SELECT 语句中哪些列是实际的表列，哪些列是计算字段。从客户端（如应用程序）的角度来看，计算字段的数据是以与其他列的数据相同的方式返回的。

 客户端与服务器的格式　SQL 语句内完成的许多转换和格式化工作可以直接在客户端应用程序内完成。但一般来说，在数据库服务器上完成这些操作比在客户端中完成要快得多，因为 DBMS 旨在快速且高效地完成这种处理。

10.2　拼接字段

　　为了说明如何使用计算字段，下面我们举一个创建由两列组成的标题的简单例子。

　　vendors 表包含供应商名称和位置信息。假设你正在生成一张供应商报表，并需要在供应商的名称中按照 name(location)这样的格式列出供应商的位置。

　　此报表需要单个值，而表中数据存储在 vend_name 和 vend_country 这两列中。此外，需要用圆括号将 vend_country 括起来，这些东西都没有明确存储在数据库表中。返回供应商名称和位置的 SELECT 语句很简单，但你将如何创建所需的组合值呢？

　　解决办法是把两列拼接起来。在 MySQL 的 SELECT 语句中，可以使用 Concat()函数执行此操作。

 拼接（concatenate）　将值连接到一起构成单个长值。

 MySQL 的不同之处　大多数 DBMS 使用+或||来实现拼接，MySQL 则使用 Concat()函数来实现。在将 SQL 语句转换成 MySQL 语句时，请牢记这一点。

　　下面是一个使用 Concat()函数的示例：

输入
```
SELECT Concat(vend_name, ' (', vend_country, ')')
FROM vendors
ORDER BY vend_name;
```

输出
```
+-------------------------------------------+
| Concat(vend_name, ' (', vend_country, ')') |
+-------------------------------------------+
| ACME (USA)                                |
| Anvils R Us (USA)                         |
| Furball Inc. (USA)                        |
| Jet Set (England)                         |
| Jouets Et Ours (France)                   |
| LT Supplies (USA)                         |
+-------------------------------------------+
```

分析　Concat()用于拼接字符串，即把多个字符串连接起来形成一个较长的字符串。Concat()需要一个或多个指定的字符串，各个字符串之间用逗号分隔。上面的 SELECT 语句可以连接以下 4 个元素：

- ❏ 存储在 vend_name 列中的名字；
- ❏ 包含一个空格和一个左圆括号的字符串；
- ❏ 存储在 vend_country 列中的国家；
- ❏ 包含一个右圆括号的字符串。

从上述输出中可以看到，SELECT 语句返回了包含以上 4 个元素的一列（计算字段）。

第 8 章中曾提到通过删除数据右侧多余的空格来整理数据，这可以使用 MySQL 的 RTrim() 函数来完成，如下所示：

输入
```
SELECT Concat(RTrim(vend_name), ' (', RTrim(vend_country), ')')
FROM vendors
ORDER BY vend_name;
```

分析　RTrim() 函数用于去掉值右边的所有空格。通过使用 RTrim()，各列都进行了整理。

> **Trim 函数**　除了支持 RTrim()（正如刚才你所看到的，它去掉了字符串右边的空格），MySQL 还支持 LTrim()（去掉字符串左边的空格）和 Trim()（去掉字符串左右两边的空格）。

> **函数不区分大小写**   由于 MySQL 函数不区分大小写，因此你可以通过使用 Concat()、concat()甚至 CONCAT()来进行拼接。这取决于个人喜好，你可以随意使用喜欢的任何样式。但请保持一致：无论选择哪种风格，请坚持下去。这样做将使你的代码在未来更容易阅读和维护。

使用别名

从前面的输出中可以看到，用于拼接地址字段的 SELECT 语句工作得很好。但此新计算列的名字是什么呢？实际上它没有名字，只是一个值。如果仅在 SQL 查询工具中查看一下结果，这样没有什么不好。但是，未命名的列不能用于客户端应用程序，因为客户端没有办法引用它。

为了解决这个问题，SQL 支持列别名。**别名**（alias）是一个字段或值的替换名。可以使用 AS 关键字来指定别名。请看下面的 SELECT 语句：

输入
```
SELECT Concat(RTrim(vend_name), ' (', RTrim(vend_country), ')')
    AS vend_title
FROM vendors
ORDER BY vend_name;
```

输出
```
+-------------------------+
| vend_title              |
+-------------------------+
| ACME (USA)              |
| Anvils R Us (USA)       |
| Furball Inc. (USA)      |
| Jet Set (England)       |
| Jouets Et Ours (France) |
| LT Supplies (USA)       |
+-------------------------+
```

分析   这个 SELECT 语句与之前代码片段中使用的语句相同，只不过这里的计算字段后面跟了文本 AS vend_title。它指示 SQL 创建一个包含指定计算结果的名为 vend_title 的计算字段。从输出中可以看到，结果与之前相同，但现在列名为 vend_title，任何客户端应用程序都可以按名称引用该列，就像它是实际的表列一样。

别名的其他用途 别名还有其他用途。常见的用途包括在实际的表列名包含不符合规定的字符（如空格）时重新命名它，以及在原始表列名不明确或容易被误解时扩充它。

 导出列 别名有时也称为**导出列**（derived column），不管称为什么，它们所代表的都是相同的东西。

10.3 执行算术运算

计算字段的另一个常见用途是对检索出的数据进行算术运算。举一个例子，orders 表包含收到的所有订单，orderitems 表包含每笔订单中的各项物品。下面的 SQL 语句会检索订单号 20005 中的所有物品：

输入
```
SELECT prod_id, quantity, item_price
FROM orderitems
WHERE order_num = 20005;
```

输出
```
+---------+----------+------------+
| prod_id | quantity | item_price |
+---------+----------+------------+
| ANV01   |       10 |       5.99 |
| ANV02   |        3 |       9.99 |
| TNT2    |        5 |      10.00 |
| FB      |        1 |      10.00 |
+---------+----------+------------+
```

item_price 列包含订单中每项物品的单价。要汇总物品的价格（单价乘以订购数量），只需使用以下方法：

输入
```
SELECT prod_id,
       quantity,
       item_price,
       quantity*item_price AS expanded_price
FROM orderitems
WHERE order_num = 20005;
```

输出
```
+---------+----------+------------+----------------+
| prod_id | quantity | item_price | expanded_price |
+---------+----------+------------+----------------+
| ANV01   |       10 |       5.99 |          59.90 |
```

```
| ANV02    |        3 |        9.99 |          29.97 |
| TNT2     |        5 |       10.00 |          50.00 |
| FB       |        1 |       10.00 |          10.00 |
+----------+----------+-------------+----------------+
```

分析　输出中显示的 expanded_price 列为一个计算字段, 此计算为 quantity*item_price。客户端应用程序现在可以使用这一新计算列, 就像使用其他列一样。

　　MySQL 支持表 10-1 中列出的基本算术运算符。此外, 圆括号可用来确定运算的优先顺序。关于优先级的介绍, 请参阅第 7 章。

表 10-1　MySQL 算术运算符

运　算　符	说　　明
+	加
-	减
*	乘
/	除

如何测试计算　SELECT 提供了对函数和计算进行测试和试验的一个很好的办法。虽然 SELECT 通常用来从表中检索数据, 但可以省略 FROM 子句以便简单地访问和处理表达式。例如, SELECT 3 * 2;将返回 6, SELECT Trim(' abc ');将返回 abc, 而 SELECT Now()可以利用 Now()函数返回当前日期和时间。通过这些例子, 你可以明白如何根据需要使用 SELECT 进行试验。

10.4　小结

　　本章介绍了计算字段以及如何创建计算字段。我们用例子说明了计算字段在字符串拼接和数学运算方面的用途。此外, 我们还学习了如何创建和使用别名, 以便应用程序能引用计算字段。

10.5　挑战题

(1) 别名的常见用法是在检索出的结果中重命名表列字段（可能是为了满足特定的报告要求或顾客需求）。编写一个 SQL 语句，从 vendors 表中检索 vend_id、vend_name、vend_address 和 vend_city，并将 vend_name 重命名为 vname，将 vend_city 重命名为 vcity，将 vend_address 重命名为 vaddress。按供应商名称对结果进行排序，为此，可以使用原始名称或新名称。

(2) 我们的示例商店正在进行打折促销，所有产品均降价 10%。编写一个 SQL 语句，从 products 表中返回 prod_id、prod_price 和 sale_price。sale_price 是一个包含促销价格的计算字段。

提示：可以乘以 0.9，这样得到的值就是原价的 90%（因此是 10% 的折扣）。

第 11 章

使用数据处理函数

本章将介绍什么是函数、MySQL 支持哪种类型的函数，以及如何使用这些函数。

11.1 函数

与其他大多数计算机语言一样，SQL 支持利用函数来处理数据。函数通常是在数据上执行的，它给数据的转换和处理提供了方便。

第 10 章中用来去掉字符串末尾空格的 RTrim() 就是函数的一个例子。

 函数没有 SQL 的可移植性强 能运行在多个系统上的代码称为可移植的（portable）。相对来说，大多数 SQL 语句是可移植的，在 SQL 实现之间有差异时，这些差异通常不那么难处理。而函数的可移植性不强。几乎每种主要的 DBMS 都支持其他 DBMS 不支持的函数，而且有时差异还很大。

考虑到代码的可移植性，许多 SQL 程序员选择不使用特殊实现的功能。虽然这样做有很多好处，但并不总是对应用程序的性能有利。如果不使用这些特殊实现的函数，那么编写某些应用程序代码就会很艰难。我们必须利用其他方法来实现 DBMS 本可以更高效地完成的工作。

如果你决定使用特殊实现的函数，那么就应该保证做好代码注释，以便以后你（或其他人）能确切地知道所编写的 SQL 实现的含义。

11.2 使用函数

大多数 SQL 实现支持以下类型的函数。

□ 用于处理文本字符串（比如删除或填充值，转换值为大写或小写）的文本函数。

□ 用于在数值数据上进行算术运算（比如返回绝对值，进行代数运算）的数值函数。

□ 用于处理日期和时间值并从这些值中提取特定成分（比如返回两个日期之差、检查日期有效性等）的日期和时间函数。

□ 返回 DBMS 正在使用的特殊信息（比如返回用户登录信息或检查版本具体信息）的系统函数。

11.2.1 文本处理函数

在第 10 章中我们已经看过一个文本处理函数的例子，其中使用 RTrim() 函数来去除列值右边的空格。下面是另一个例子，这次使用 Upper() 函数：

输入
```
SELECT vend_name, Upper(vend_name) AS vend_name_upcase
FROM vendors
ORDER BY vend_name;
```

输出
```
+---------------+------------------+
| vend_name     | vend_name_upcase |
+---------------+------------------+
| ACME          | ACME             |
| Anvils R Us   | ANVILS R US      |
| Furball Inc.  | FURBALL INC.     |
| Jet Set       | JET SET          |
| Jouets Et Ours| JOUETS ET OURS   |
| LT Supplies   | LT SUPPLIES      |
+---------------+------------------+
```

分析 正如你所看到的，Upper() 函数可以将文本转换为大写，因此本例中每个供应商都列出两次，第一次为 vendors 表中存储的值，第二次作为列 vend_name_upcase 转换为大写。

表 11-1 列出了某些常用的文本处理函数。

表 11-1 常用的文本处理函数

函 数	说 明
Left()	返回字符串左边的字符
Length()	返回字符串的长度
Locate()	找出字符串的一个子串
Lower()	将字符串转换为小写
LTrim()	去掉字符串左边的空格
Right()	返回字符串右边的字符
RTrim()	去掉字符串右边的空格
Soundex()	返回字符串的 SOUNDEX 值
SubString()	返回子字符串的字符
Upper()	将字符串转换为大写

表 11-1 中的 SOUNDEX 需要做进一步的解释。SOUNDEX 是一个将任何文本字符串转换为描述其语音表示的字母数字模式的算法。SOUNDEX 考虑了类似的发音字符和音节，使得可以基于它们的发音而不是输入方式来比较字符串。虽然 SOUNDEX 不是 SQL 概念，但 MySQL（就像大多数 DBMS 一样）提供了对 SOUNDEX 的支持。

下面给出了一个使用 Soundex() 函数的例子。customers 表中有一个顾客 Coyote Inc.，其联系人为 Y.Lee。但如果这是输入错误，此联系人实际应该是 Y.Lie，该怎么办？显然，按正确的联系人搜索不会返回数据，如下所示：

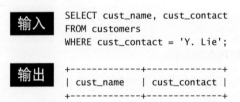

```
SELECT cust_name, cust_contact
FROM customers
WHERE cust_contact = 'Y. Lie';
```

输出
```
+-------------+--------------+
| cust_name   | cust_contact |
+-------------+--------------+
```

现在试一下使用 Soundex() 函数进行搜索，它匹配所有发音类似于 Y.Lie 的联系人：

输入
```
SELECT cust_name, cust_contact
FROM customers
WHERE Soundex(cust_contact) = Soundex('Y Lie');
```

| 输出 | +------------+-------------+
| | cust_name | cust_contact |
| | +------------+-------------+
| | Coyote Inc. | Y Lee |
| | +------------+-------------+

分析　在这个例子中，WHERE 子句使用 Soundex()函数将 cust_contact
列值和搜索字符串都转化为了它们的 SOUNDEX 值。因为 Y.Lee
和 Y.Lie 发音相似，它们的 SOUNDEX 值匹配，所以 WHERE 子句正确地
过滤出了所需的数据。

 了解 SOUNDEX　如果你好奇 Soundex()函数是如何发挥其
"魔力"的，我会告诉你这个秘密：SOUNDEX 是一个公式，它
可以将任何文本字符串转换为代表其发音的 4 个字符值。上面
使用的 WHERE 语句只是获取 Y Lie 的 SOUNDEX 值，并将其与
表中每个联系人的 SOUNDEX 值进行比较。

```
WHERE Soundex(cust_contact) = Soundex('Y Lie');
```

如果你对此感兴趣，可以使用以下 SQL 语句查看每个联系人
及其 SOUNDEX 值。

```
SELECT cust_contact,
    SOUNDEX(cust_contact) AS cust_contact_soundex
FROM customers
```

11.2.2　日期和时间处理函数

日期和时间采用相应的数据类型和特殊的格式存储，以便能快速且
有效地排序或过滤，并且节省物理存储空间。

存储日期和时间所使用的格式通常对你的应用程序没有用处，因此
日期和时间函数总是被用来读取、统计和处理这些值。由于这个原因，
日期和时间处理函数在 MySQL 语言中具有重要的作用。

表 11-2 列出了某些常用的日期和时间处理函数。

表 11-2   常用的日期和时间处理函数

函　　数	说　　明
AddDate()	增加一个日期（天、周等）
AddTime()	增加一个时间（时、分等）
CurDate()	返回当前日期
CurTime()	返回当前时间
Date()	返回日期时间的日期部分
DateDiff()	计算两个日期之差
Date_Add()	日期运算
Date_Format()	返回一个格式化的日期或时间字符串
Day()	返回一个日期的天数部分
DayOfWeek()	对于一个日期，返回对应的星期几
Hour()	返回一个时间的小时部分
Minute()	返回一个时间的分钟部分
Month()	返回一个日期的月份部分
Now()	返回当前日期和时间
Second()	返回一个时间的秒部分
Time()	返回一个日期时间的时间部分
Year()	返回一个日期的年份部分

　　这是重新复习用 WHERE 进行数据过滤的一个好时机。迄今为止，我们都是用比较数值和文本的 WHERE 子句过滤数据，但数据经常需要用日期进行过滤。用日期进行过滤需要特别注意并使用特殊的 MySQL 函数。

　　首先需要注意的是 MySQL 使用的日期格式。无论你什么时候指定一个日期，不管是插入或更新还是用 WHERE 子句进行过滤，日期必须为 yyyy-mm-dd 的格式。因此，对于 2023 年 9 月 1 日，你可以指定为 2023-09-01。虽然其他的日期格式可能也行，但这是首选的日期格式，因为它排除了多义性（例如，04/05/06 是 2006 年 5 月 4 日或 2006 年 4 月 5 日或 2004 年 5 月 6 日或……）。

应该总是使用 4 位数字的年份 MySQL 支持 2 位数字的年份，例如，它会将 00-69 处理为 2000-2069，将 70-99 处理为 1970-1999。虽然这些可能确实是预期的年份，但为了避免 MySQL 为你做出任何假设，始终使用 4 位数字的年份会更安全。

因此，基本的日期比较应该很简单：

输入

```
SELECT cust_id, order_num
FROM orders
WHERE order_date = '2023-09-01';
```

输出

```
+---------+-----------+
| cust_id | order_num |
+---------+-----------+
|   10001 |     20005 |
+---------+-----------+
```

分析 此 SELECT 语句正常运行。它检索出了一个订单记录，该订单记录的 order_date 为 2023-09-01。

但是，使用 WHERE order_date = '2023-09-01'可靠吗？order_date 的数据类型为 datetime。这种类型用于存储日期及时间值。样例表中的值全都具有时间值 00:00:00，但实际中很可能并不总是这样。如果用当前日期和时间存储订单日期（因此你不仅知道订单日期，还知道下订单当天的时间），该怎么办？在这种情况下，如果存储的 order_date 值为 2023-09-01 11:30:05，则 WHERE order_date = '2023-09-01'会失败。即使给出具有该日期的一行，也不会把它检索出来，因为 WHERE 匹配失败。

解决办法是，指示 MySQL 仅将给出的日期与列中的日期部分进行比较，而不是将给出的日期与整个列值进行比较。为此，必须使用 Date() 函数。Date(order_date)指示 MySQL 仅提取列的日期部分，因此更可靠的 SELECT 语句如下所示。

输入

```
SELECT cust_id, order_num
FROM orders
WHERE Date(order_date) = '2023-09-01';
```

如果想要日期，请使用 Date()　如果你想要的仅是日期，则使用 Date() 是一个良好的习惯，即使你知道相应的列只包含日期也是如此。这样，如果由于某种原因表中以后有日期和时间值，你的 SQL 代码也不用改变。当然，也存在一个 Time() 函数，在你只想要时间时应该使用它。

在你知道了如何用日期进行等值测试后，其他运算符（参见第 6 章）的使用也就很清楚了。

不过，还有一种日期比较需要说明。如果你想检索出 2023 年 9 月下的所有订单，该怎么办？简单的等值测试肯定不行，因为它也要匹配月份中的天数。有几种解决办法，其中之一如下所示：

输入
```
SELECT cust_id, order_num
FROM orders
WHERE Date(order_date) BETWEEN '2023-09-01'
                     AND '2023-09-30';
```

输出
```
+---------+-----------+
| cust_id | order_num |
+---------+-----------+
|   10001 |     20005 |
|   10003 |     20006 |
|   10004 |     20007 |
+---------+-----------+
```

分析　BETWEEN 运算符用来把 2023-09-01 和 2023-09-30 定义为一个要匹配的日期范围。

还有另外一种办法（一种不需要记住每个月中有多少天或不需要操心闰年 2 月的办法）：

输入
```
SELECT cust_id, order_num
FROM orders
WHERE Year(order_date) = 2023
    AND Month(order_date) = 9;
```

分析　Year() 是一个从日期（或日期时间）中返回年份的函数。类似地，Month() 可以从日期中返回月份。因此，WHERE Year(order_ date) = 2023 AND Month(order_date) = 9 可以检索出 order_date 为 2023 年 9 月的所有行。

 如何忽略时间　使用 Year()、Month()、Day() 等函数可以让你在处理日期时不用担心可能与它们一起存储的任何时间值。

11.2.3　数值处理函数

数值处理函数仅处理数值数据。这些函数主要用于代数运算、三角运算或几何运算，因此其使用频率不如字符串或日期和时间处理函数高。

具有讽刺意味的是，在各大 DBMS 的函数中，数值函数是最一致且最统一的函数。表 11-3 列出了一些常用的数值处理函数。

表 11-3　常用的数值处理函数

函　　数	说　　明
Abs()	返回一个数的绝对值
Cos()	返回一个角度的余弦值
Exp()	返回一个数的指数值
Mod()	返回除法运算的余数
Pi()	返回圆周率
Rand()	返回一个随机数
Sin()	返回一个角度的正弦值
Sqrt()	返回一个数的平方根
Tan()	返回一个角度的正切值

11.3　小结

本章介绍了如何使用 SQL 的数据处理函数，并着重介绍了日期处理函数。

11.4 挑战题

(1) 我们的商店已经上线了，正在创建顾客账户。所有用户都需要登录名，默认的登录名由用户姓名和所在城市组成。编写一个 SQL 语句，返回顾客 ID（cust_id）、顾客名称（customer_name）以及登录名（user_login），其中登录名全部为大写字母，且由顾客联系人（cust_contact）的前两个字符和顾客所在城市（cust_city）的前 3 个字符组成。例如，我的登录名是 BEOAK（Ben Forta，居住在 Oak Park）。**提示**：对于这个例子，需要使用函数、拼接和别名。

(2) 编写一个 SQL 语句，返回 2023 年 10 月的所有订单的订单号（order_num）和订单日期（order_date），并按订单日期排序。

汇总数据

本章将介绍什么是 SQL 聚合函数以及如何利用它们汇总表的数据。

12.1 聚合函数

我们经常需要在不实际检索所有数据的情况下对数据进行汇总，MySQL 为此提供了专门的函数。你可以在 MySQL 查询中使用这些函数来检索用于分析和报表生成的数据。以下是这种类型的检索的一些例子。

- ❏ 确定表中行数（或者满足某些条件或包含某个特定值的行数）。
- ❏ 获得表中行组的和。
- ❏ 查找表列中的最大值、最小值和平均值（适用于所有行或特定行）。

在上述例子中，你希望得到表格数据的汇总，而不是实际的数据本身。因此，返回实际的表数据是对时间和处理资源的一种浪费（更不用说带宽了）。重复一遍，我们实际想要的是汇总信息。

为了方便这种类型的检索，MySQL 提供了一组聚合函数，其中一些如表 12-1 所示。这些函数能够执行上面列举的所有类型的检索。

表 12-1　SQL 聚合函数

函　　数	说　　明
Avg()	返回某列的平均值
Count()	返回某列的行数
Max()	返回某列的最大值
Min()	返回某列的最小值
Sum()	返回某列值之和

聚合函数（aggregate function） 运行在行组上，计算和返回单个值的函数。

下面我们来解释一下各函数的用法。

 标准偏差 MySQL 还支持一系列的标准偏差聚合函数，但本书并未涉及这些内容。

12.1.1 Avg()函数

Avg()函数用于返回表中特定列的平均值，这可以通过计算表中行数及它们值的总和来实现。Avg()既可以用来返回所有列的平均值，也可以用来返回特定列或行的平均值。

下面的例子使用Avg()返回了 products 表中所有产品的平均价格：

输入
```
SELECT Avg(prod_price) AS avg_price
FROM products;
```

输出
```
+-----------+
| avg_price |
+-----------+
| 16.133571 |
+-----------+
```

 此 SELECT 语句返回了一个值 avg_price，它包含 products 表中所有产品的平均价格。如第 10 章所述，avg_price 是一个别名。

Avg()也可以用来确定特定列或行的平均值。

下面的例子会返回特定供应商所提供产品的平均价格：

输入
```
SELECT Avg(prod_price) AS avg_price
FROM products
WHERE vend_id = 1003;
```

输出
```
+-----------+
| avg_price |
+-----------+
| 13.212857 |
+-----------+
```

分析 与上一个 SELECT 语句不同，这个 SELECT 语句包含了 WHERE 子句。此 WHERE 子句仅过滤出了 vend_id 为 1003 的产品，因此 avg_price 中返回的值只是该供应商的产品的平均值。

 只用于单列 Avg()只能用来确定特定数值列的平均值，而且列名必须作为函数参数给出。为了获得多列的平均值，必须使用多个 Avg()函数。

NULL 值 Avg()函数会忽略列值为 NULL 的行。

12.1.2 Count()函数

正如其名，Count()函数用于计数。可以利用 Count()来确定表中的行数或符合特定条件的行数。

Count()函数有两种使用方式：

❏ 使用 Count(*)来计算表中的行数，不管列中包含的是空值（NULL）还是非空值；
❏ 使用 Count(column)来计算特定列中有值的行数，忽略 NULL 值。

下面的例子会返回 customers 表中顾客的总数：

输入
```
SELECT Count(*) AS num_cust
FROM customers;
```

输出
```
+----------+
| num_cust |
+----------+
|        5 |
+----------+
```

分析 在此例子中，利用 Count(*)对所有行计数，不管行中各列有什么值。计数结果在 num_cust 中返回。

下面的例子只对有电子邮件地址的顾客计数：

输入
```
SELECT Count(cust_email) AS num_cust
FROM customers;
```

输出

```
+-----------+
| num_cust  |
+-----------+
|         3 |
+-----------+
```

分析　这个 SELECT 语句使用 Count(cust_email) 来计算 cust_email
列中具有值的行数。在此例子中，cust_email 的值为 3（表示
5 个顾客中只有 3 个顾客有电子邮件地址）。

>
>
> **NULL 值**　如果指定列名，那么指定列的值为空的行会被
> Count() 函数忽略，但如果 Count() 函数中用的是星号（*），
> 则不会被忽略。

12.1.3　Max() 函数

Max() 返回的是指定列中的最大值。Max() 要求指定列名，如下所示：

输入
```
SELECT Max(prod_price) AS max_price
FROM products;
```

输出
```
+-----------+
| max_price |
+-----------+
|     55.00 |
+-----------+
```

分析　这里，Max() 返回的是 products 表中最贵的物品的价格。

>
>
> **对非数值数据使用 Max()**　虽然 Max() 通常用于找出最大的
> 数值或日期值，但 MySQL 允许将其用于返回任意列中的最
> 大值，包括返回文本列中的最大值。当与文本数据一起使用
> 时，Max() 函数返回的是按该列排序后的最后一行数据。

>
>
> **NULL 值**　Max() 函数会忽略列值为 NULL 的行。

12.1.4 Min()函数

Min()的功能与 Max()正好相反，它返回的是指定列的最小值。与 Max()一样，Min()要求指定列名，如下所示：

```
SELECT Min(prod_price) AS min_price
FROM products;
```

```
+-----------+
| min_price |
+-----------+
| 2.50      |
+-----------+
```

  Min()返回的是 products 表中最便宜的物品的价格。

> 对非数值数据使用 Min()　Min()函数与 Max()函数类似，MySQL 允许将其用于返回任意列中的最小值，包括返回文本列中的最小值。当与文本数据一起使用时，Min()返回的是按该列排序后的第 1 行数据。

> NULL 值　Min()函数会忽略列值为 NULL 的行。

12.1.5 Sum()函数

Sum()用来返回指定列值的和（总数）。下面举一个例子。orderitems 表包含订单中实际的物品，每项物品有相应的数量（quantity）。所订购物品的总数（所有 quantity 值之和）可以通过以下方式检索：

```
SELECT Sum(quantity) AS items_ordered
FROM orderitems
WHERE order_num = 20005;
```

```
+---------------+
| items_ordered |
+---------------+
| 19            |
+---------------+
```

分析 函数 Sum(quantity)返回的是订单中所有物品数量之和，WHERE 子句保证只统计某笔物品订单中的物品。

Sum()也可以与第 10 章中介绍的数学运算符一起使用。在下面的例子中，合计每项物品的 item_price*quantity，得出总的订单金额：

输入
```
SELECT Sum(item_price*quantity) AS total_price
FROM orderitems
WHERE order_num = 20005;
```

输出
```
+-------------+
| total_price |
+-------------+
|      149.87 |
+-------------+
```

分析 函数 Sum(item_price*quantity)返回的是订单中所有物品价钱之和，WHERE 子句确保只包含正确的订单项。

 在多列上进行计算　如本例所示，利用标准的算术运算符，所有聚合函数都可用来执行多列上的计算。

 NULL 值　Sum()函数会忽略列值为 NULL 的行。

12.2 聚合不同值

前面提到的 5 个聚合函数都可以像下面这样使用：
- 对所有的行执行计算，指定 ALL 参数或不指定任何参数（因为 ALL 是默认行为）；
- 只包含不同的值，指定 DISTINCT 参数。

 ALL 是默认行为　ALL 参数不需要指定，因为它是默认行为。如果不指定 DISTINCT，则假定为 ALL。

下面的例子使用 Avg()函数返回了特定供应商提供的产品的平均价

格。它与上面的 SELECT 语句相同，但使用了 DISTINCT 参数，因此平均
值只考虑各个不同的价格：

输入

```
SELECT Avg(DISTINCT prod_price) AS avg_price
FROM products
WHERE vend_id = 1003;
```

输出

```
+-----------+
| avg_price |
+-----------+
| 15.998000 |
+-----------+
```

分析　可以看到，在使用了 DISTINCT 后，此例子中的 avg_price
比较高，因为有多项物品具有相同的较低价格，排除它们可以
提升平均价格。

通配符不使用 DISTINCT　如果指定列名，则 DISTINCT 只能
用于 Count(列名)。DISTINCT 不能用于 Count(*)，因此不允
许使用 Count（DISTINCT *），否则会产生错误。类似地，
DISTINCT 必须与列名一起使用，而不能与计算或表达式一起
使用。

将 DISTINCT 用于 Min() 和 Max()　虽然 DISTINCT 从技术上
可用于 Min() 和 Max()，但这样做实际上没有价值。无论是否
只包含不同的值，一列中的最小值和最大值都是相同的。

12.3　组合聚合函数

目前为止本书中介绍的所有聚合函数的例子都只涉及单个函数。但
实际上 SELECT 语句可以根据需要包含多个聚合函数。请看下面的例子：

输入

```
SELECT Count(*) AS num_items,
       Min(prod_price) AS price_min,
       Max(prod_price) AS price_max,
       Avg(prod_price) AS price_avg
FROM products;
```

输出

```
+-----------+-----------+-----------+-----------+
| num_items | price_min | price_max | price_avg |
+-----------+-----------+-----------+-----------+
|        14 |      2.50 |     55.00 | 16.133571 |
+-----------+-----------+-----------+-----------+
```

分析　这里用单个 SELECT 语句执行了 4 个聚合计算，并返回了 4 个
值（products 表中物品的数目，产品价格的最小值、最大值
以及平均值）。

 取别名　在指定别名以包含某个聚合函数的结果时，不应该
使用表中实际的列名。虽然这样做并非不合法，但使用唯一的
名字会使你的 SQL 更易于理解和使用（也有利于将来的故障
排查）。

12.4　小结

聚合函数用来汇总数据。MySQL 支持一系列聚合函数，它们可以通
过多种方式使用，以返回你所需的结果。这些函数是高效设计的，它们
返回结果的速度通常比你在自己的客户端应用程序中计算结果的速度要
快得多。

12.5　挑战题

(1) 编写一个 SQL 语句，确定已售出的所有物品的总数量（使用 order-
    items 表中的 quantity 列）。

(2) 修改你刚刚编写的语句，确定 prod_item 为 BR01 的物品已售出的
    总数量。

(3) 这是一个有点儿愚蠢的问题，但想象一下，一个顾客想要购买
    products 表中的每一件产品。编写一个 SQL 语句来计算总价。

(4) 编写一个 SQL 语句，确定 products 表中价格（prod_price）不超
    过 10 美元的产品的最贵价格。将计算出的字段命名为 max_price。

第 13 章

分组数据

本章将介绍如何分组数据，以便汇总表内容的子集。这涉及 SELECT 语句的两个新子句，分别是 GROUP BY 子句和 HAVING 子句。

13.1 数据分组

在第 12 章中，我们了解到 SQL 聚合函数可用于汇总数据。使用这些函数，无须检索所有数据，就可以计算行数、求和与平均值，以及获取最大值和最小值。

到目前为止，所有的计算都是在表中的所有数据或与特定 WHERE 子句匹配的数据上执行的。提示一下，下面的例子可以返回供应商 1003 提供的产品数目：

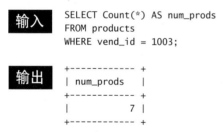

输入
```
SELECT Count(*) AS num_prods
FROM products
WHERE vend_id = 1003;
```

输出
```
+------------+
| num_prods  |
+------------+
|          7 |
+------------+
```

但如果要返回每个供应商提供的产品数目，该怎么办？如果要返回只提供单项产品的供应商所提供的产品，该怎么办？如果要返回提供 10 个以上产品的供应商，又该怎么办？

分组显身手的时候到了。分组允许把数据分为多个逻辑组，以便对每个组进行聚合计算。

13.2　创建分组

在 MySQL 中，分组是在 SELECT 语句的 GROUP BY 子句中建立的。为了更好地理解分组，我们先来看一个例子：

输入

```
SELECT vend_id, Count(*) AS num_prods
FROM products
GROUP BY vend_id;
```

输出

```
+---------+------------+
| vend_id | num_prods  |
+---------+------------+
|    1001 |          3 |
|    1002 |          2 |
|    1003 |          7 |
|    1005 |          2 |
+---------+------------+
```

分析　上面的 SELECT 语句指定了两列，vend_id 包含产品供应商的 ID，num_prods 为计算字段（用 COUNT(*) 函数建立）。GROUP BY 子句指示 MySQL 按 vend_id 排序并分组数据。这使得 num_prods 字段在每个 vend_id 组内计算，而不是针对整张表计算。从输出中可以看到，供应商 1001 有 3 个产品，供应商 1002 有 2 个产品，供应商 1003 有 7 个产品，供应商 1005 有 2 个产品。

因为使用了 GROUP BY 子句，所以就不必指定要计算和估值的每个组了。系统会自动完成。GROUP BY 子句指示 MySQL 分组数据，然后对每个组而不是整个结果集进行聚合计算。

在具体使用 GROUP BY 子句前，需要知道一些重要的规定。

❑ GROUP BY 子句可以包含任意数目的列。这使得能对分组进行嵌套，为数据分组提供更细致的控制。

❑ 如果在 GROUP BY 子句中嵌套了分组，那么数据将在最后指定的分组上进行汇总。换句话说，在建立分组时，指定的所有列都一起计算（所以不能从个别的列取回数据）。

❑ GROUP BY 子句中列出的每一列都必须是检索列或有效的表达式（但不能是聚合函数）。如果在 SELECT 语句中使用表达式，则必须在 GROUP BY 子句中指定相同的表达式。不能使用别名。

- 除了聚合计算语句外，SELECT 语句中的每一列都必须在 GROUP BY 子句中给出。
- 如果分组列中具有 NULL 值，则 NULL 将作为一个分组返回。如果列中有多行 NULL 值，那么它们将被分为一组。
- GROUP BY 子句必须出现在 WHERE 子句之后以及 ORDER BY 子句之前。

 使用 ROLLUP　使用 WITH ROLLUP 关键字，对于每个分组，既可以获取该分组的各项值，也可以获取该分组的汇总值，如下所示。

```
SELECT vend_id, Count(*) AS num_prods
FROM products
GROUP BY vend_id WITH ROLLUP;
```

13.3　过滤分组

除了能用 GROUP BY 子句分组数据，MySQL 还允许你过滤要包含和排除的分组。例如，你可能想要列出至少有两笔订单的所有顾客。为了获取这种数据，必须基于完整的分组而不是个别的行进行过滤。

我们已经看到了 WHERE 子句的作用（第 6 章中引入）。但是，在这个例子中 WHERE 不能完成任务，因为 WHERE 过滤指定的是行而不是分组。事实上，WHERE 没有分组的概念。

如果不使用 WHERE，那使用什么呢？MySQL 为此目的提供了另外的子句，那就是 HAVING 子句。HAVING 非常类似于 WHERE。事实上，目前为止我们所学过的所有类型的 WHERE 子句都可以用 HAVING 来替代。唯一的差别是 WHERE 会过滤行，而 HAVING 会过滤分组。

 HAVING 支持所有 WHERE 运算符　在第 6 章和第 7 章中，我们学习了 WHERE 子句的条件（包括通配符条件和带多个运算符的子句）。我们所学过的有关 WHERE 的所有这些技术和选项都适用于 HAVING。它们的句法是相同的，只是关键字有差别。

那么，如何过滤分组呢？请看下面的例子：

输入
```
SELECT cust_id, Count(*) AS num_orders
FROM orders
GROUP BY cust_id
HAVING Count(*) >= 2;
```

输出
```
+---------+-------------- +
| cust_id | num_orders   |
+---------+-------------- +
|   10001 |            2 |
+---------+-------------- +
```

分析　这个 SELECT 语句的前 3 行类似于 13.2 节中的语句。最后一行增加了 HAVING 子句，它过滤了 Count(*) >=2（两笔或两笔以上的订单）的那些分组。正如你所看到的，这里 WHERE 子句不起作用，因为过滤是基于分组聚合值而不是特定行的值。

 HAVING 和 WHERE 的差别　这里有另一种理解方法：WHERE 在数据分组前进行过滤，HAVING 在数据分组后进行过滤。这是一个重要的区别，WHERE 排除的行不包括在分组中。这可能会改变计算值，从而影响 HAVING 子句中基于这些值过滤掉的分组。

那么，有没有在一个语句中同时使用 WHERE 子句和 HAVING 子句的需要呢？事实上，确实有。假如你需要列出具有两个（含）以上且价格为 10 美元（含）以上的产品的供应商。为了达到这一点，可以增加一个 WHERE 子句，过滤出价格大于等于 10 美元的产品。然后再增加 HAVING 子句过滤出具有两行（含）以上的组。

来看下面的例子：

输入
```
SELECT vend_id, Count(*) AS num_prods
FROM products
WHERE prod_price >= 10
GROUP BY vend_id
HAVING Count(*) >= 2;
```

输出
```
+----------+------------- +
| vend_id  | num_prods    |
+----------+------------- +
|    1003 | ·          4 |
|    1005 |            2 |
+----------+------------- +
```

分析 在这个例子中，第 1 行是使用了聚合函数的基本 SELECT，它与前面的例子很相像。WHERE 子句过滤所有 prod_price 至少为 10 的行。然后按 vend_id 分组数据，HAVING 子句过滤计数为 2（含）以上的分组。如果没有 WHERE 子句，则会多检索出两行（供应商 1002，销售的所有产品价格都在 10 美元以下；供应商 1001，销售 3 个产品，但只有一个产品的价格大于等于 10 美元），如下所示。

输入
```
SELECT vend_id, Count(*) AS num_prods
FROM products
GROUP BY vend_id
HAVING Count(*) >= 2;
```

输出
```
+----------+------------+
| vend_id  | num_prods  |
+----------+------------+
|    1001  |         3  |
|    1002  |         2  |
|    1003  |         7  |
|    1005  |         2  |
+----------+------------+
```

13.4 分组和排序

虽然 GROUP BY 和 ORDER BY 经常完成相同的工作，但二者有很大的差别。表 13-1 汇总了 ORDER BY 和 GROUP BY 之间的差别。

表 13-1 ORDER BY 与 GROUP BY

ORDER BY	GROUP BY
对输出进行排序	分组行。但输出可能不是分组的顺序
任意列（甚至非选择的列）都可以使用	只能使用选择的列或表达式列，并且选择的每一列必须被使用
不是必需项	如果使用具有聚合函数的列（或表达式），则为必需项

表 13-1 中列出的第一项差别极为重要。我们经常发现用 GROUP BY 分组的数据确实是以分组顺序输出的。但情况并不总是这样，它并不是 SQL 规范所要求的。此外，用户也可能会要求以不同于分组的顺序排序。仅因为你以某种方式分组数据（获得特定的分组聚合值），并不表示你需要以相同的方式排序输出。应该提供明确的 ORDER BY 子句，即使其效

果等同于 GROUP BY 子句也是如此。

 不要忘记 ORDER BY 一般在使用 GROUP BY 子句时，应该同时给出 ORDER BY 子句。这是保证数据正确排序的唯一方法。千万不要仅依赖 GROUP BY 对数据进行排序。

为了说明 GROUP BY 和 ORDER BY 的使用方法，请看一个例子。下面的 SELECT 语句类似于前面那些例子。它会检索所有总价大于等于 50 的订单的订单号和总计订单价格：

输入
```
SELECT order_num,
       Sum(quantity*item_price) AS ordertotal
FROM orderitems
GROUP BY order_num
HAVING Sum(quantity*item_price) >= 50;
```

输出
```
+------------+------------ +
| order_num  | ordertotal  |
+------------+------------ +
|      20005 | 149.87      |
|      20006 | 55.00       |
|      20007 | 1000.00     |
|      20008 | 125.00      |
+------------+------------ +
```

为了按总计订单价格排序输出，需要添加 ORDER BY 子句，如下所示：

输入
```
SELECT order_num,
       Sum(quantity*item_price) AS ordertotal
FROM orderitems
GROUP BY order_num
HAVING Sum(quantity*item_price) >= 50
ORDER BY ordertotal;
```

输出
```
+------------+------------ +
| order_num  | ordertotal  |
+------------+------------ +
|      20006 | 55.00       |
|      20008 | 125.00      |
|      20005 | 149.87      |
|      20007 | 1000.00     |
+------------+------------ +
```

分析　在这个例子中，GROUP BY 子句用来按订单号（order_num 列）分组数据，以便 Sum(*)函数能够返回总计订单价格。HAVING 子句用于过滤数据，使得只返回总计订单价格大于等于 50 的订单。最后，用 ORDER BY 子句排序输出。

13.5　分组与数据汇总相结合

在第 12 章中，我们学习了如何使用 Count()、Min()、Sum()等函数。在对数据进行分组以执行复杂的报告时，你还可以使用这些函数。

例如，orders 表包含了所有订单的列表。每笔订单都在 order_date 列（恰当命名的）中有一个订单日期。如果想要知道最好的销售月份，该怎么办？为此，需要计算每个月的销售量，这反过来又要从 order_date 中提取年份和月份。代码如下所示：

输入
```
SELECT Year(order_date) AS order_year,
       Month(order_date) AS order_month,
       Count(*) AS orders_placed
FROM orders
GROUP BY order_year, order_month
ORDER BY orders_placed DESC
```

输出
```
+------------+-------------+---------------+
| order_year | order_month | orders_placed |
+------------+-------------+---------------+
|       2023 |           9 |             3 |
|       2023 |          10 |             2 |
+------------+-------------+---------------+
```

分析　Year()和 Month()分别从 order_date 中提取年份和月份，并将这些值分配给别名。GROUP BY 使用这些别名来分组检索到的数据，并为每年的每个月返回一行。由于数据是按年和月分组的，因此 Count(*)计算了每个月的行数，这正是我们需要的。输出通过 ORDER BY orders_placed DESC 排序，以便按销售量降序列出月份。

13.6　SELECT 子句顺序

下面回顾一下 SELECT 语句中子句的顺序。表 13-2 以在 SELECT 语句中使用时必须遵循的次序列出了迄今为止我们所学过的子句。

表 13-2 SELECT 子句及其顺序

子　句	说　明	是否必须使用
SELECT	要返回的列或表达式	是
FROM	从中检索数据的表	仅在从表中选择数据时使用
WHERE	行级过滤	否
GROUP BY	分组说明	仅在按组计算聚合时使用
HAVING	组级过滤	否
ORDER BY	输出排列顺序	否
LIMIT	要检索的行数	否

13.7　小结

在第 12 章中，我们学习了如何用 SQL 聚合函数对数据进行汇总计算。本章讲授了如何使用 GROUP BY 子句对数据组进行这些汇总计算，并返回每个组的结果。我们看到了如何使用 HAVING 子句过滤特定的组，还知道了 ORDER BY 和 GROUP BY 之间以及 WHERE 和 HAVING 之间的差异。

13.8　挑战题

(1) orderitems 表包含每笔订单的每项物品。编写一个 SQL 语句，返回每个订单号（order_num）的行数（order_lines），并按 order_lines 对结果进行排序。

(2) 编写一个 SQL 语句，返回名为 cheapest_item 的字段，该字段中包含每个供应商成本最低的物品（使用 products 表中的 prod_price），然后按成本从低到高的顺序对结果进行排序。

(3) 确定最佳顾客非常重要。编写一个 SQL 语句，返回至少包含 100 件物品的每笔订单的订单号（orderitems 表中的 order_num）。

(4) 确定最佳顾客的另一种方法是统计他们的消费金额。编写一个 SQL 语句，返回订单总价至少为 1000 的所有订单的订单号（orderitems 表中的 order_num）。提示：对于这个问题，需要计算并求和总价（item_price 乘以 quantity）。按订单号对结果进行排序。

(5) 以下 SQL 语句有什么问题？（尝试在不运行的情况下指出。）

```
SELECT order_num, COUNT(*) AS items
FROM orderitems
GROUP BY items
HAVING COUNT(*) >= 3
ORDER BY items, order_num;
```

第 14 章

使用子查询

本章将介绍什么是子查询以及如何使用它们。

14.1 子查询

SELECT 语句是 SQL 的查询。迄今为止我们所看到的所有 SELECT 语句都是简单查询，即从单张数据库表中检索数据的单个语句。

 查询（query） 任何 SQL 语句都是查询，但此术语一般指 SELECT 语句。

SQL 还允许创建子查询（subquery），即嵌套在其他查询中的查询。为什么要这样做呢？理解这个概念的最好方法是考察几个例子。

14.2 利用子查询进行过滤

本书中使用的所有数据库表都是关系表（关于每张表及其关系的描述，请参阅附录 B）。订单数据存储在两张表中。orders 表存储每笔订单的单行记录，包括订单号、顾客 ID 和订单日期。单独的订单项存储在相关的 orderitems 表中。orders 表不存储顾客信息，它只存储顾客 ID。实际的顾客信息存储在 customers 表中。

现在，假设需要列出订购物品 TNT2 的所有顾客，应该怎样检索？下面列出了具体的步骤。

(1) 检索包含物品 TNT2 的所有订单的编号。

(2) 检索具有步骤(1)列出的订单编号的所有顾客 ID。

(3) 检索步骤(2)返回的所有顾客 ID 的顾客信息。

上述每个步骤都可以单独作为一个查询来执行。可以把一个 SELECT 语句返回的结果用于另一个 SELECT 语句的 WHERE 子句。

也可以使用子查询来把 3 个查询组合成一个语句。

第一个 SELECT 语句的含义很明确，对于 prod_id 为 TNT2 的所有订单物品，它会检索其 order_num 列。输出列出了两笔包含此物品的订单：

输入
```
SELECT order_num
FROM orderitems
WHERE prod_id = 'TNT2';
```

输出
```
+-----------+
| order_num |
+-----------+
|     20005 |
|     20007 |
+-----------+
```

下一步，查询具有订单 20005 和 20007 的顾客 ID。利用第 7 章中介绍的 IN 子句，编写如下的 SELECT 语句：

输入
```
SELECT cust_id
FROM orders
WHERE order_num IN (20005,20007);
```

输出
```
+---------+
| cust_id |
+---------+
|   10001 |
|   10004 |
+---------+
```

现在，把第一个查询（返回订单号的那一个）变为子查询来组合两个查询。请看下面的 SELECT 语句：

输入
```
SELECT cust_id
FROM orders
WHERE order_num IN (SELECT order_num
                    FROM orderitems
                    WHERE prod_id = 'TNT2');
```

输出
```
+---------+
| cust_id |
+---------+
|   10001 |
|   10004 |
+---------+
```

分析   在 SELECT 语句中，子查询总是从内向外处理。在处理上面的
SELECT 语句时，MySQL 实际上执行了两个操作。

首先，它执行了下面的查询：

```
SELECT order_num
FROM orderitems
WHERE prod_id='TNT2'
```

此查询返回了两个订单号：20005 和 20007。然后，这两个值以 IN 运算
符要求的逗号分隔的格式传递给外部查询的 WHERE 子句。外部查询变成
了如下形式：

```
SELECT cust_id
FROM orders
WHERE order_num IN (20005,20007)
```

可以看到，输出是正确的并且与前面硬编码 WHERE 子句所返回的值相同。

> **格式化 SQL**   包含子查询的 SELECT 语句难以阅读和调试，
> 特别是当它们较为复杂时更是如此。按照上面所示的方法，
> 把查询分解为多行并适当地进行缩进，可以极大地简化子查
> 询的使用。

现在我们得到了订购物品 TNT2 的所有顾客 ID。下一步是检索这些
顾客 ID 的顾客信息。检索这两列的 SQL 语句如下所示：

```
SELECT cust_name, cust_contact
FROM customers
WHERE cust_id IN (10001,10004);
```

可以把其中的 WHERE 子句转换为另一个子查询而不是硬编码这些顾
客 ID：

```
SELECT cust_name, cust_contact
FROM customers
WHERE cust_id IN (SELECT cust_id
                  FROM orders
                  WHERE order_num IN (SELECT order_num
                                      FROM orderitems
                                      WHERE prod_id = 'TNT2'));
```

输出

```
+----------------+--------------+
| cust_name      | cust_contact |
+----------------+--------------+
| Coyote Inc.    | Y Lee        |
| Yosemite Place | Y Sam        |
+----------------+--------------+
```

 分析 为了执行上述 SELECT 语句，MySQL 实际上必须执行 3 个 SELECT 语句。最里面的子查询返回订单号列表，此列表用于其外面的子查询的 WHERE 子句。外面的子查询返回顾客 ID 列表，此顾客 ID 列表用于最外层查询的 WHERE 子句。最外层查询确实返回了所需的数据。

可见，通过在 WHERE 子句中使用子查询，我们能够编写出功能很强并且很灵活的 SQL 语句。对于能嵌套的子查询的数目没有限制，不过在实际使用时由于性能的限制，不能嵌套太多的子查询。

> **列必须匹配** 当在 WHERE 子句中使用子查询时（如上例所示），应该保证 SELECT 语句具有与 WHERE 子句中相同数目的列。通常，子查询将返回单列并且与单列匹配，但如果需要也可以使用多列。

虽然子查询通常与 IN 运算符结合使用，但它们也可以用于测试等于（=）、不等于（<>）等。

 > **子查询和性能** 这里给出的代码非常有效，并且获得了所需的结果。但是，使用子查询并不总是执行此类数据检索的最有效方式。更多的论述，请参阅第 15 章，其中将再次给出这个例子。

14.3 作为计算字段使用子查询

使用子查询的另一种方法是创建计算字段。假设需要显示 customers 表中每个顾客的订单总数。订单与相应的顾客 ID 存储在 orders 表中。

为了执行这个操作，可以遵循以下步骤。

(1) 从 customers 表中检索顾客列表。

(2) 对于检索出的每个顾客，统计其在 orders 表中的订单数目。

正如前两章所述，可以使用 SELECT Count(*) 对表中的行进行计数，并且通过提供一个 WHERE 子句来过滤某个特定的顾客 ID，可以仅对该顾客的订单进行计数。例如，下面的代码会对顾客 10001 的订单进行计数：

输入
```
SELECT Count(*) AS orders
FROM orders
WHERE cust_id = 10001;
```

为了对每个顾客执行 Count(*) 计算，应该将 Count(*) 作为一个子查询。请看下面的代码：

输入
```
SELECT cust_name,
       cust_state,
       (SELECT Count(*)
        FROM orders
        WHERE orders.cust_id = customers.cust_id) AS orders
FROM customers
ORDER BY cust_name;
```

输出
```
+----------------+------------+--------+
| cust_name      | cust_state | orders |
+----------------+------------+--------+
| Coyote Inc.    | MI         |      2 |
| E Fudd         | IL         |      1 |
| Mouse House    | OH         |      0 |
| Wascals        | IN         |      1 |
| Yosemite Place | AZ         |      1 |
+----------------+------------+--------+
```

分析
这个 SELECT 语句对 customers 表中每个顾客返回了 3 列：cust_name、cust_state 和 orders。orders 是一个计算字段，它是由圆括号中的子查询建立的。该子查询对检索出的每个顾客执行 1 次。在这个例子中，该子查询执行了 5 次，因为检索出了 5 个顾客。

子查询中的 WHERE 子句与前面使用的 WHERE 子句稍有不同，因为它使用了完全限定列名（第 4 章中首次提到）。下面的子句告诉 SQL 比较一下 orders 表中的 cust_id 与当前正从 customers 表中检索的 cust_id：

```
WHERE orders.cust_id = customers.cust_id
```

这种类型的子查询称为**相关子查询**。

  相关子查询（correlated subquery） 涉及外部查询的子查询。

　　任何时候只要列名可能有多义性，就必须使用这种语法（表名和列名由一个句点分隔）。为什么要这样做？我们来看看如果不使用完全限定的列名会发生什么：

输入
```
SELECT cust_name,
       cust_state,
       (SELECT Count(*)
        FROM orders
        WHERE cust_id = cust_id) AS orders
FROM customers
ORDER BY cust_name;
```

输出

cust_name	cust_state	orders
Coyote Inc.	MI	5
E Fudd	IL	5
Mouse House	OH	5
Wascals	IN	5
Yosemite Place	AZ	5

分析 显然，返回的结果不正确（通过与前面的结果对比可知）。为什么会这样呢？cust_id 有两列，一列在 customers 中，另一列在 orders 中，需要比较这两列以正确地把订单与它们相应的顾客匹配。如果不完全限定列名，那么 MySQL 将假定你是对 orders 表中的 cust_id 进行自身比较。而 SELECT Count(*) FROM orders WHERE cust_id = cust_id;总是返回 orders 表中的订单总数（因为 MySQL 会查看每笔订单的 cust_id 是否与自身匹配，当然，它们总是匹配的）。

　　虽然子查询在构造这种 SELECT 语句时极其有用，但必须注意限制有歧义性的列名。

  不止一种解决方案 正如本章前面所述，虽然这里给出的样例代码运行良好，但它并不是解决这种数据检索的最有效的方法。在第 15 章中我们还会遇到这个例子。

逐渐增加子查询来建立查询   测试和调试带有子查询的查询可能会很棘手，特别是在语句的复杂度不断增加的情况下更是如此。用子查询建立和测试查询的最可靠的方法是逐渐进行，这与 MySQL 处理它们的方法大致相同。首先，建立和测试最内层的查询。然后，用硬编码数据建立和测试外层查询，并且仅在确认它正常后才嵌入子查询。接下来，再次测试它。对于要增加的每个查询，重复这些步骤。如果按照这种方式构建查询，那么可能需要稍微多一点儿时间，但在以后需要弄清楚为什么查询不起作用时，将会节省大量时间。这还极大地增加了查询一次就能成功的可能性。

14.4   小结

本章学习了什么是子查询以及如何使用它们。子查询最常用于 WHERE 子句的 IN 运算符中，以及用来填充计算列。我们分别举了这两种操作类型的例子。

14.5   挑战题

(1) 使用子查询，返回购买了价格为 10 美元（含）以上物品的顾客列表。你需要使用 orderitems 表查找匹配的订单号（order_num），然后使用 orders 表检索每个匹配订单的顾客 ID（cust_id）。

(2) 你想知道物品 BR01 的订购日期。编写一个 SQL 语句，使用子查询来确定 orderitems 表中的哪些订单购买了 prod_id 为 BR01 的物品，然后从 orders 表中返回每件物品对应的顾客 ID（cust_id）和订单日期（order_date）。按订购日期对结果进行排序。

(3) 现在让我们令这个挑战更有难度。更新上一个挑战题，为购买了 prod_id 为 BR01 的物品的所有顾客返回电子邮件（customers 表中的 cust_email）。提示：这涉及 SELECT 语句，最内层的查询会从 orderitems 表返回 order_num，中间的查询会从 customers 表返回 cust_id。

(4) 你需要一个列出每个顾客 ID 及其总订单金额的列表。编写一个 SQL
语句，返回顾客 ID（orders 表中的 cust_id）和 total_ordered，并
使用子查询返回每个顾客的订单总额。按消费金额从高到低对结果
进行排序。**提示**：我们之前使用 Sum() 计算过订单总额。

(5) 编写一个 SQL 语句，从 products 表中检索所有的产品名称
（prod_name），以及名为 quant_sold 的计算列，该列包含此产品
的销售总数（使用子查询和 Sum(quantity) 在 orderitems 表中
检索）。

第 15 章

表 连 接

本章将介绍什么是连接、为什么要使用连接，以及如何编写使用连接的 SELECT 语句。

15.1 连接

SQL 最强大的功能之一是能在数据检索查询中即时连接（join）表。连接是使用 SQL 的 SELECT 语句执行的最重要的操作之一，很好地理解连接及其语法是学习 SQL 的一个极为重要的组成部分。

在有效地使用连接之前，必须了解关系表以及关系数据库设计的一些基础知识。下面将要介绍的内容并没有完全涵盖这个主题，但作为入门已经足够了。

15.1.1 关系表

理解关系表的最好方法是查看现实世界中的例子。

假如有一张包含产品目录的数据库表，其中每种类别的物品占一行。对每种物品来说，要存储的信息包括产品描述和价格，以及生产该产品的供应商信息。

现在，假如有由同一供应商生产的多种物品，那么在何处存储供应商信息（比如供应商名称、地址、联系方式等）呢？将这些数据与产品信息分开存储的理由如下。

- ❑ 同一供应商生产的每个产品的供应商信息都是相同的，对每个产品重复此信息既浪费时间又浪费存储空间。
- ❑ 如果供应商信息发生变化（比如供应商搬家或联系方式发生变化），则需要更新每一次出现的供应商信息。

❑ 如果有重复数据（比如每种产品都存储供应商信息），则很难保证每次输入该数据的方式都相同。不一致的数据在报表中很难利用。

关键是，相同数据出现多次决不是一件好事，这个原则是关系数据库设计的基础。关系表的设计就是要保证把信息分解成多张表，一类数据一张表。各表之间通过某些常用的值［关系设计中的**关系**（relational）］互相关联。

在这个例子中，可以建立两张表，一张表存储供应商信息，另一张表存储产品信息。vendors 表包含供应商的所有信息，每个供应商占一行，且每个供应商具有唯一的标识。此标识称为**主键**（primary key，第 1 章中首次提到），它可以是供应商 ID 或任何其他唯一值。

products 表只存储产品信息，除了存储供应商 ID（vendors 表的主键）外，它不存储供应商的任何其他信息。vendors 表的主键又叫作 products 表的**外键**，它将 vendors 表与 products 表关联在一起，利用供应商 ID 能从 vendors 表中找出相应供应商的详细信息。

> **外键**（foreign key）　外键为某张表中的一列，它包含另一张表的主键值，因此其定义了两张表之间的关系。

这样做的好处如下：

❑ 供应商信息不重复，从而不浪费时间和空间；
❑ 如果供应商信息发生变化，可以只更新 vendors 表中的单个记录，相关表中的数据不用改动；
❑ 由于数据无重复，显然数据是一致的，这使得处理数据更简单。

总之，关系数据可以被有效地存储和方便地处理。因此，关系数据库的可伸缩性远比非关系数据库要好。

> **可伸缩性**（scale）　能够适应不断增加的工作量而不失败。我们可以说一个设计良好的数据库或应用程序的**可伸缩性好**（scale well）。

15.1.2　为什么要使用连接

正如所述，将数据分解为多张表可以实现更高效地存储、更方便地处理以及更大的可伸缩性。但这些好处是有代价的。

如果数据存储在多张表中，那么怎样用单个 SELECT 语句检索出数据？

答案是使用连接。简单地说，**连接**是一种机制，用来在一个 SELECT 语句中关联表（因此称为连接）。使用特殊的语法，可以连接多张表返回一组输出，连接在运行时可以关联表中正确的行。

维护引用完整性　重要的是，要理解连接不是物理实体。换句话说，它在实际的数据库表中不存在。连接由 MySQL 根据需要建立，它存在于查询的执行当中。

在使用关系表时，在关系列中只插入合法的数据非常重要。回到这里的例子，如果在 products 表中插入拥有非法供应商 ID（没有在 vendors 表中出现）的供应商生产的产品，则这些产品是不可访问的，因为它们没有关联到某个供应商。

为防止这种情况发生，可以指示 MySQL 只允许在 products 表的供应商 ID 列中出现合法值（出现在 vendors 表中的供应商）。这就是维护引用完整性，它是通过在表的定义中指定主键和外键来实现的（参见第 21 章）。

15.2　创建连接

连接的创建非常简单，规定要连接的所有表以及它们如何关联即可。请看下面的例子：

```
SELECT vend_name, prod_name, prod_price
FROM vendors, products
WHERE vendors.vend_id = products.vend_id
ORDER BY vend_name, prod_name;
```

输出

```
+-------------+----------------+------------+
| vend_name   | prod_name      | prod_price |
+-------------+----------------+------------+
| ACME        | Bird seed      | 10.00      |
```

```
| ACME         | Carrots         | 2.50     |
| ACME         | Detonator       | 13.00    |
| ACME         | Safe            | 50.00    |
| ACME         | Sling           | 4.49     |
| ACME         | TNT (1 stick)   | 2.50     |
| ACME         | TNT (5 sticks)  | 10.00    |
| Anvils R Us  | .5 ton anvil    | 5.99     |
| Anvils R Us  | 1 ton anvil     | 9.99     |
| Anvils R Us  | 2 ton anvil     | 14.99    |
| Jet Set      | JetPack 1000    | 35.00    |
| Jet Set      | JetPack 2000    | 55.00    |
| LT Supplies  | Fuses           | 3.42     |
| LT Supplies  | Oil can         | 8.99     |
+--------------+-----------------+----------+
```

分析   在这段代码中，与前面所有语句一样，SELECT 语句指定了要检索的列。这里，最大的差别是所指定的两列（prod_name 和 prod_price）在一张表中，而另一列（vend_name）在另一张表中。

现在来看 FROM 子句。与以前的 SELECT 语句不一样，这个语句的 FROM 子句列出了两张表，分别是 vendors 和 products。它们就是这个 SELECT 语句连接的两张表的名字。这两张表用 WHERE 子句正确连接，WHERE 子句指示 MySQL 匹配 vendors 表中的 vend_id 和 products 表中的 vend_id。

可以看到要匹配的两列以 vendors.vend_id 和 products.vend_id 指定。这里需要这种完全限定列名，因为如果只给出 vend_id，则 MySQL 不知道指的是哪一个（它们有两个，每张表中一个）。

> **完全限定列名**   在引用的列可能出现二义性时，必须使用完全限定列名（用一个句点分隔的表名和列名）。如果引用一个没有用表名限制的具有二义性的列名，那么 MySQL 将返回错误。

15.2.1　WHERE 子句的重要性

利用 WHERE 子句建立连接关系似乎有点儿奇怪，但实际上，这样做有一个很充分的理由。请记住，在一个 SELECT 语句中连接几张表时，相应的关系是在运行中构造的。在数据库表的定义中不存在能指示

MySQL 如何对表进行连接的设置。你必须自己做这件事情。在连接两张表时，你实际上做的是将第一张表中的每一行与第二张表中的每一行配对。WHERE 子句作为过滤条件，它只包含那些匹配给定条件（这里是连接条件）的行。没有 WHERE 子句，第一张表中的每一行将与第二张表中的每一行配对，而不管它们逻辑上是否可以配在一起。

为了理解这一点，请看下面的 SELECT 语句及其输出：

 输入

```
SELECT vend_name, prod_name, prod_price
FROM vendors, products
ORDER BY vend_name, prod_name;
```

输出

```
+----------------+----------------+------------+
| vend_name      | prod_name      | prod_price |
+----------------+----------------+------------+
| ACME           | .5 ton anvil   | 5.99       |
| ACME           | 1 ton anvil    | 9.99       |
| ACME           | 2 ton anvil    | 14.99      |
| ACME           | Bird seed      | 10.00      |
| ACME           | Carrots        | 2.50       |
| ACME           | Detonator      | 13.00      |
| ACME           | Fuses          | 3.42       |
| ACME           | JetPack 1000   | 35.00      |
| ACME           | JetPack 2000   | 55.00      |
| ACME           | Oil can        | 8.99       |
| ACME           | Safe           | 50.00      |
| ACME           | Sling          | 4.49       |
| ACME           | TNT (1 stick)  | 2.50       |
| ACME           | TNT (5 sticks) | 10.00      |
| Anvils R Us    | .5 ton anvil   | 5.99       |
| Anvils R Us    | 1 ton anvil    | 9.99       |
| Anvils R Us    | 2 ton anvil    | 14.99      |
| Anvils R Us    | Bird seed      | 10.00      |
| Anvils R Us    | Carrots        | 2.50       |
| Anvils R Us    | Detonator      | 13.00      |
| Anvils R Us    | Fuses          | 3.42       |
| Anvils R Us    | JetPack 1000   | 35.00      |
| Anvils R Us    | JetPack 2000   | 55.00      |
| Anvils R Us    | Oil can        | 8.99       |
| Anvils R Us    | Safe           | 50.00      |
| Anvils R Us    | Sling          | 4.49       |
| Anvils R Us    | TNT (1 stick)  | 2.50       |
| Anvils R Us    | TNT (5 sticks) | 10.00      |
| Furball Inc.   | .5 ton anvil   | 5.99       |
| Furball Inc.   | 1 ton anvil    | 9.99       |
| Furball Inc.   | 2 ton anvil    | 14.99      |
```

```
| Furball Inc.   | Bird seed     | 10.00  |
| Furball Inc.   | Carrots       | 2.50   |
| Furball Inc.   | Detonator     | 13.00  |
| Furball Inc.   | Fuses         | 3.42   |
| Furball Inc.   | JetPack 1000  | 35.00  |
| Furball Inc.   | JetPack 2000  | 55.00  |
| Furball Inc.   | Oil can       | 8.99   |
| Furball Inc.   | Safe          | 50.00  |
| Furball Inc.   | Sling         | 4.49   |
| Furball Inc.   | TNT (1 stick) | 2.50   |
| Furball Inc.   | TNT (5 sticks)| 10.00  |
| Jet Set        | .5 ton anvil  | 5.99   |
| Jet Set        | 1 ton anvil   | 9.99   |
| Jet Set        | 2 ton anvil   | 14.99  |
| Jet Set        | Bird seed     | 10.00  |
| Jet Set        | Carrots       | 2.50   |
| Jet Set        | Detonator     | 13.00  |
| Jet Set        | Fuses         | 3.42   |
| Jet Set        | JetPack 1000  | 35.00  |
| Jet Set        | JetPack 2000  | 55.00  |
| Jet Set        | Oil can       | 8.99   |
| Jet Set        | Safe          | 50.00  |
| Jet Set        | Sling         | 4.49   |
| Jet Set        | TNT (1 stick) | 2.50   |
| Jet Set        | TNT (5 sticks)| 10.00  |
| Jouets Et Ours | .5 ton anvil  | 5.99   |
| Jouets Et Ours | 1 ton anvil   | 9.99   |
| Jouets Et Ours | 2 ton anvil   | 14.99  |
| Jouets Et Ours | Bird seed     | 10.00  |
| Jouets Et Ours | Carrots       | 2.50   |
| Jouets Et Ours | Detonator     | 13.00  |
| Jouets Et Ours | Fuses         | 3.42   |
| Jouets Et Ours | JetPack 1000  | 35.00  |
| Jouets Et Ours | JetPack 2000  | 55.00  |
| Jouets Et Ours | Oil can       | 8.99   |
| Jouets Et Ours | Safe          | 50.00  |
| Jouets Et Ours | Sling         | 4.49   |
| Jouets Et Ours | TNT (1 stick) | 2.50   |
| Jouets Et Ours | TNT (5 sticks)| 10.00  |
| LT Supplies    | .5 ton anvil  | 5.99   |
| LT Supplies    | 1 ton anvil   | 9.99   |
| LT Supplies    | 2 ton anvil   | 14.99  |
| LT Supplies    | Bird seed     | 10.00  |
| LT Supplies    | Carrots       | 2.50   |
| LT Supplies    | Detonator     | 13.00  |
| LT Supplies    | Fuses         | 3.42   |
| LT Supplies    | JetPack 1000  | 35.00  |
| LT Supplies    | JetPack 2000  | 55.00  |
```

```
| LT Supplies    | Oil can        | 8.99        |
| LT Supplies    | Safe           | 50.00       |
| LT Supplies    | Sling          | 4.49        |
| LT Supplies    | TNT (1 stick)  | 2.50        |
| LT Supplies    | TNT (5 sticks) | 10.00       |
+----------------+----------------+-------------+
```

 分析 从上面的输出中可以看到，这里返回的数据用每个供应商匹配了每个产品，它包括了供应商不正确的产品。实际上有的供应商根本就没有产品。这是一个**笛卡儿积**，它不是我们想要的结果。

 笛卡儿积（Cartesian product） 由没有连接条件的表关系返回的结果为笛卡儿积。检索出的行的数目将是第一张表中的行数乘以第二张表中的行数。

 不要忘了 WHERE 子句 应该保证所有连接都有 WHERE 子句，否则 MySQL 将返回比你想要的数据多得多的数据。同样，应该保证 WHERE 子句的正确性。不正确的过滤条件将导致 MySQL 返回不正确的数据。

交叉连接 有时我们会听到将返回笛卡儿积的连接类型称为**交叉连接**（cross join）。

15.2.2 内连接

目前为止所用的连接称为**等值连接**（equijoin），它基于两张表之间的等值测试。这种连接也称为**内连接**。其实，对于这种连接可以使用稍微不同的语法来明确指定连接的类型。下面的 SELECT 语句返回了与前面例子完全相同的数据：

 输入
```
SELECT vend_name, prod_name, prod_price
FROM vendors INNER JOIN products
 ON vendors.vend_id = products.vend_id;
```

分析 上述 SELECT 语句与前面的 SELECT 语句相同，但 FROM 子句不同。这里，两张表之间的关系是 FROM 子句的组成部分，以

INNER JOIN 指定。在使用这种语法时，连接条件用特定的 ON 子句而不是 WHERE 子句给出。传递给 ON 的实际条件与传递给 WHERE 的相同。

 使用哪种语法 ANSI SQL 规范首选 INNER JOIN 语法。尽管使用 WHERE 子句定义连接的确比较简单，但是使用明确的连接语法能够确保不会忘记连接条件，有时候这样做也能影响性能。不过，ANSI SQL 规范还是支持使用更简单的 WHERE 子句，所以如果你愿意，可以随意使用。

15.2.3 连接多张表

SQL 对一个 SELECT 语句中可以连接的表的数目没有限制。创建连接的基本规则也相同：首先列出所有表，然后定义表与表之间的关系。例如：

输入
```
SELECT prod_name, vend_name, prod_price, quantity
FROM orderitems, products, vendors
WHERE products.vend_id = vendors.vend_id
  AND orderitems.prod_id = products.prod_id
  AND order_num = 20005;
```

输出
```
+----------------+-------------+------------+----------+
| prod_name      | vend_name   | prod_price | quantity |
+----------------+-------------+------------+----------+
| .5 ton anvil   | Anvils R Us |       5.99 |       10 |
| 1 ton anvil    | Anvils R Us |       9.99 |        3 |
| TNT (5 sticks) | ACME        |      10.00 |        5 |
| Bird seed      | ACME        |      10.00 |        1 |
+----------------+-------------+------------+----------+
```

分析 此例显示了编号为 20005 的订单中的物品。订单物品存储在 orderitems 表中。每个产品按其产品 ID 存储，它引用了 products 表中的产品。这些产品通过供应商 ID 连接到了 vendors 表中相应的供应商，供应商 ID 存储在每个产品的记录中。这里的 FROM 子句列出了 3 张表，而 WHERE 子句定义了这两个连接条件，第三个连接条件用来过滤出订单 20005 中的物品。

以下是同一 SELECT 语句的 INNER JOIN 版本：

输入
```
SELECT prod_name, vend_name, prod_price, quantity
FROM vendors
INNER JOIN products
    ON vendors.vend_id = products.vend_id
INNER JOIN orderitems
    ON orderitems.prod_id = products.prod_id
WHERE order_num = 20005;
```

分析　在这个版本中，SELECT 语句和最后的 WHERE 子句是相同的。不同之处在于表是如何被定义以及连接在一起的。这里，vendors 是 FROM 表，另外两张表被包含在内，并使用 INNER JOIN 和 ON 来连接以定义关系。虽然语法不同，但结果是相同的。

 性能考虑　MySQL 在运行时会关联指定的每张表以处理连接。这种处理可能是非常耗费资源的，因此应该小心，不要连接不必要的表。连接的表越多，性能下降得越厉害。

现在可以回顾一下第 14 章中的例子了。该例子如下所示，其 SELECT 语句返回了订购产品 TNT2 的顾客列表：

输入
```
SELECT cust_name, cust_contact
FROM customers
WHERE cust_id IN (SELECT cust_id
                  FROM orders
                  WHERE order_num IN (SELECT order_num
                                      FROM orderitems
                                      WHERE prod_id = 'TNT2'));
```

正如第 14 章所述，子查询并不总是执行复杂的 SELECT 操作的最有效的方法，下面是使用连接的等价查询：

输入
```
SELECT cust_name, cust_contact
FROM customers, orders, orderitems
WHERE customers.cust_id = orders.cust_id
  AND orderitems.order_num = orders.order_num
  AND prod_id = 'TNT2';
```

输出
```
+----------------+--------------+
| cust_name      | cust_contact |
+----------------+--------------+
| Coyote Inc.    | Y Lee        |
| Yosemite Place | Y Sam        |
+----------------+--------------+
```

分析 正如第 14 章中所展示的那样，在这个查询中返回数据需要使用 3 张表。但这里我们没有在嵌套子查询中使用它们，而是使用了两个连接。这里有 3 个 WHERE 子句条件。前两个关联连接中的表，后一个过滤产品 TNT2 的数据。

为了便于比较，以下是同一语句的 INNER JOIN 版本。

输入
```
SELECT cust_name, cust_contact
FROM customers
INNER JOIN orders
 ON customers.cust_id = orders.cust_id
INNER JOIN orderitems
 ON orderitems.order_num = orders.order_num
WHERE prod_id = 'TNT2';
```

输出
```
+----------------+--------------+
| cust_name      | cust_contact |
+----------------+--------------+
| Coyote Inc.    | Y Lee        |
| Yosemite Place | Y Sam        |
+----------------+--------------+
```

 多做实验 正如你所看到的，为执行任一给定的 SQL 操作，通常存在不止一种方法。很少有绝对正确或绝对错误的方法。性能可能会受操作类型、表中数据量、是否存在索引或键以及其他一些条件的影响。因此，有必要对不同的选择机制进行实验，以找出最适合具体情况的方法。

15.3 小结

连接是 SQL 中最重要、最强大的操作。如果想有效地使用连接，则需要对关系数据库设计有基本的了解。随着对连接的介绍，本章还讲述了关系数据库设计的一些基础知识，包括等值连接（也称内连接）这种最常使用的连接形式。第 16 章将介绍如何创建其他类型的连接。

15.4   挑战题

(1) 编写一个 SQL 语句，分别从 customers 表中返回顾客名称（cust_name），从 orders 表中返回相关订单号（order_num），然后按顾客名称和订单号对结果进行排序。实际上，请尝试两次：一次使用简单的等值连接语法，一次使用 INNER JOIN。

(2) 我们来让上一个挑战题变得更有用些。除了返回顾客名称和订单号，再添加一个名为 ordertotal 的第三列，其中包含每笔订单的总价。有两种方法可以执行此操作：一种是使用 orderitems 表的子查询来创建 ordertotal 列，另一种是将 orderitems 表连接到现有表并使用聚合函数。提示：注意需要使用完全限定列名的地方。

(3) 让我们重温一下第 14 章的挑战题(2)。编写一个 SQL 语句，检索产品 BR01 的订购日期，但这次使用连接和简单的等值连接语法。输出应该与第 14 章相同。

(4) 非常有趣，让我们再试一次。重新创建你在第 14 章的挑战题(3)中编写的 SQL，但这次使用 ANSI 的 INNER JOIN 语法。在之前编写的代码中你使用了两个嵌套的子查询。要重新创建它，需要两个 INNER JOIN 语句，每个语句的格式与本章前面的 INNER JOIN 示例类似。不要忘记使用 WHERE 子句来按 prod_id 进行过滤。

(5) 再来一次，为了让事情变得更有趣，我们将混合使用连接、聚合函数和分组。准备好了吗？回到第 13 章，当时的挑战是要求找出总计订单价格至少为 1000 的所有订单的订单号。这些结果是有用的，但更有用的是下了至少这个金额的订单的顾客名称。因此，编写一个 SQL 语句，使用连接从 customers 表中返回顾客名称（cust_name），从 orderitems 表中返回所有订单的总价。提示：为了连接这些表，还需要包括 orders 表（因为 customers 表与 orderitems 表没有直接关系，但 customers 表与 orders 表有关，而 orders 表与 orderitems 表有关）。别忘了 GROUP BY 和 HAVING，并确保按顾客名称对结果进行排序。你可以使用简单的等值连接或 ANSI 的 INNER JOIN 语法。或者也可以两种方法都试一下。

第 16 章

创建高级连接

本章将讲解另外一些连接类型 (包括它们的含义和使用方法), 介绍如何对被连接的表使用表别名和聚合函数。

16.1　使用表别名

第 10 章介绍过如何使用别名引用被检索的表列。给列起别名的代码如下所示:

```
SELECT Concat(RTrim(vend_name), ' (', RTrim(vend_country), ')')
    AS vend_title
FROM vendors
ORDER BY vend_name;
```

除了可以给列名和计算字段起别名, SQL 还允许给表名起别名。这样做主要有以下两个理由:

❑ 缩短 SQL 语法;
❑ 允许在单个 SELECT 语句中多次使用相同的表。

请看下面的 SELECT 语句。它与第 15 章的例子中所用的语句基本相同, 但改成了使用别名:

输入
```
SELECT cust_name, cust_contact
FROM customers AS c, orders AS o, orderitems AS oi
WHERE c.cust_id = o.cust_id
  AND oi.order_num = o.order_num
  AND prod_id = 'TNT2';
```

分析　可以看到, FROM 子句中的 3 张表全都具有别名。例如, customers AS c 将 c 作为 customers 的别名。这使得我们能使用缩写的 c 来代替全名 customers。在此例子中, 表别名只用于 WHERE 子句。其实, 表别名不仅可用于 WHERE 子句, 还可用于 SELECT 列表、ORDER BY

子句以及语句的其他部分。

为了便于比较，这里给出了 INNER JOIN 版本：

```
SELECT cust_name, cust_contact
FROM customers AS c
INNER JOIN orders AS o
 ON c.cust_id = o.cust_id
INNER JOIN orderitems AS oi
 ON oi.order_num = o.order_num
WHERE prod_id = 'TNT2';
```

分析   与之前一样，别名是通过对每张表使用 AS 来定义的。这次，其中两个位于 INNER JOIN 子句中。

> ✎   **表别名是 DBMS 独有的**   应该注意，表别名只在查询执行中使用。与列别名不一样，表别名不会返回到客户端。

16.2   使用不同类型的连接

迄今为止，我们使用的只是称为内连接或等值连接的简单连接。现在来看 3 种其他的连接类型：自连接（self-join）、自然连接（natural join）和外连接（outer join）。

16.2.1   自连接

如前所述，使用表别名的主要原因之一是能在单个 SELECT 语句中不止一次引用同一张表。下面举一个例子。

假如你发现某产品（其 ID 为 DTNTR）存在问题，因此想知道该产品供应商生产的其他产品是否也存在这些问题。此查询要求首先找到产品 ID 为 DTNTR 的产品供应商，然后找出这个供应商生产的其他产品。下面是解决此问题的一种方法：

```
SELECT prod_id, prod_name
FROM products
WHERE vend_id = (SELECT vend_id
                 FROM products
                 WHERE prod_id = 'DTNTR');
```

输出

```
+---------+---------------+
| prod_id | prod_name     |
+---------+---------------+
| DTNTR   | Detonator     |
| FB      | Bird seed     |
| FC      | Carrots       |
| SAFE    | Safe          |
| SLING   | Sling         |
| TNT1    | TNT (1 stick) |
| TNT2    | TNT (5 sticks)|
+---------+---------------+
```

分析　这是第一种解决方案，它使用了子查询。内部的 SELECT 语句做了一个简单的检索，返回了产品 ID 为 DTNTR 的产品供应商的 vend_id。该 ID 用于外部查询的 WHERE 子句中，以便检索出这个供应商生产的所有产品。（关于子查询的更多信息，请参阅第 14 章，该章讲授了子查询的所有内容。）

现在来看使用连接的等价查询：

输入
```
SELECT p1.prod_id, p1.prod_name
FROM products AS p1, products AS p2
WHERE p1.vend_id = p2.vend_id
  AND p2.prod_id = 'DTNTR';
```

输出

```
+---------+---------------+
| prod_id | prod_name     |
+---------+---------------+
| DTNTR   | Detonator     |
| FB      | Bird seed     |
| FC      | Carrots       |
| SAFE    | Safe          |
| SLING   | Sling         |
| TNT1    | TNT (1 stick) |
| TNT2    | TNT (5 sticks)|
+---------+---------------+
```

分析　此查询中需要的两张表实际上是同一张表，因此 products 表在 FROM 子句中出现了两次。虽然这是完全合法的，但对 products 表的引用具有二义性，因为 MySQL 不知道你引用的是 products 表中的哪个实例。

为解决此问题，可以使用表别名。products 的第一次出现为别名 p1，第二次出现为别名 p2。现在可以将这些别名用作表名。例如，SELECT

语句使用 p1 前缀明确地给出了所需列的全名。如果不这样做，那么
MySQL 将返回错误，因为分别存在名为 prod_id 和 prod_name 的两列。
MySQL 不知道你想要的是哪一列（即使它们事实上是同一列）。通过匹配
p1 中的 vend_id 和 p2 中的 vend_id，WHERE 子句首先连接两张表，然
后按第二张表中的 prod_id 过滤数据，以仅返回所需的数据。

以下是使用 INNER JOIN 语法的相同语句。

```
SELECT p1.prod_id, p1.prod_name
FROM products AS p1
INNER JOIN products AS p2
 ON p1.vend_id = p2.vend_id
WHERE p2.prod_id = 'DTNTR';
```

用自连接而不用子查询　自连接通常作为外部语句用来替代
从同一张表中检索数据时使用的子查询语句。虽然最终的结
果是相同的，但有时候处理连接远比处理子查询快得多。通
常，这两种方法都值得尝试，这样才能确定在特定情况下哪
种方法性能更好。

16.2.2　自然连接

无论何时对表进行连接，应该至少有一列出现在不止一张表中（被
连接的列）。标准的连接（第 15 章中介绍的内连接）会返回所有数据，甚
至相同的列会多次出现。**自然连接**只是排除了那些多次出现的情况，使
每列只返回一次。

怎样完成这项工作呢？答案是，系统不完成这项工作，要由你自己
来完成。自然连接是一种你只能选择那些唯一的列的连接。这通常是通
过对一张表使用通配符（SELECT *），对所有其他表的列使用明确的子
集来完成的。下面举一个例子：

```
SELECT c.*, o.order_num, o.order_date,
       oi.prod_id, oi.quantity, oi.item_price
FROM customers AS c, orders AS o, orderitems AS oi
WHERE c.cust_id = o.cust_id
  AND oi.order_num = o.order_num
  AND prod_id = 'FB';
```

分析　在这个例子中，我们只对第一张表使用通配符。所有其他列都被明确列了出来，这样就不会检索到重复的列了。

> 💡 **内连接和自然连接**　事实上，迄今为止我们建立的每个内连接都是自然连接，很可能你永远都不会用到不是自然连接的内连接。

16.2.3　外连接

许多连接会将一张表中的行与另一张表中的行相关联。但有时候我们需要包含没有关联行的那些行。例如，你可能需要使用连接来完成以下工作：

- ❏ 对每个顾客下了多少订单进行计数，包括那些至今尚未下订单的顾客；
- ❏ 列出所有产品以及订购数量，包括没有人订购的产品；
- ❏ 计算平均销售规模，需要考虑到那些至今尚未下订单的顾客。

在上述例子中，连接包含了在相关表中没有关联行的那些行。这种类型的连接称为**外连接**。

下面的 SELECT 语句给出了一个简单的内连接。它会检索所有顾客及其订单：

 输入
```
SELECT customers.cust_id, orders.order_num
FROM customers INNER JOIN orders
 ON customers.cust_id = orders.cust_id;
```

外连接与其语法类似。为了检索所有顾客（包括那些没有订单的顾客），可以使用如下方法：

 输入
```
SELECT customers.cust_id, orders.order_num
FROM customers LEFT OUTER JOIN orders
 ON customers.cust_id = orders.cust_id;
```

输出
```
+---------+-----------+
| cust_id | order_num |
+---------+-----------+
|   10001 |     20005 |
|   10001 |     20009 |
```

```
|   10002 |       NULL |
|   10003 |      20006 |
|   10004 |      20007 |
|   10005 |      20008 |
+---------+-----------+
```

 与第 15 章中所展示的内连接类似，这个 SELECT 语句使用了关键字 OUTER JOIN 来指定连接类型（而不是在 WHERE 子句中指定）。但是，与内连接（关联的是两张表中的行）不同，外连接还包括没有关联行的行。在使用 OUTER JOIN 语法时，必须使用 RIGHT 或 LEFT 关键字指定包括其所有行的表（RIGHT 指定的是 OUTER JOIN 右边的表，LEFT 指定的是 OUTER JOIN 左边的表）。上面的例子使用 LEFT OUTER JOIN 从 FROM 子句左边的表（customers 表）中选择了所有行。

为了从右边的表中选择所有行，应该使用 RIGHT OUTER JOIN，如下所示。

```
SELECT customers.cust_id, orders.order_num
FROM customers RIGHT OUTER JOIN orders
 ON orders.cust_id = customers.cust_id;
```

 没有*=运算符   对于 OUTER JOIN，你需要使用 ANSI 语法。MySQL 不支持简化字符*=和=*的使用，这两种运算符在其他 DBMS 中则很流行。

外连接的类型   存在两种基本的外连接形式：左外连接和右外连接。它们之间的唯一差别是所关联的表的顺序不同。换句话说，左外连接可通过颠倒 FROM 或 WHERE 子句中表的顺序转换为右外连接。因此，两种类型的外连接可互换使用，而究竟使用哪一种纯粹是根据方便而定。

16.3   使用带聚合函数的连接

正如第 12 章所述，聚合函数可以用来汇总数据。虽然至今为止聚合函数的所有例子只是从单张表汇总数据，但这些函数也可以与连接一起使用。

为了说明这一点，请看一个例子。如果要检索所有顾客及每个顾客所下的订单数，可以使用以下包含 Count() 函数的代码：

输入
```
SELECT customers.cust_name,
       customers.cust_id,
       Count(orders.order_num) AS num_ord
FROM customers INNER JOIN orders
 ON customers.cust_id = orders.cust_id
GROUP BY customers.cust_id;
```

输出
```
+---------------+---------+---------+
| cust_name     | cust_id | num_ord |
+---------------+---------+---------+
| Coyote Inc.   | 10001   |       2 |
| Wascals       | 10003   |       1 |
| Yosemite Place| 10004   |       1 |
| E Fudd        | 10005   |       1 |
+---------------+---------+---------+
```

分析 此 SELECT 语句使用 INNER JOIN 将 customers 表和 orders 表互相关联。GROUP BY 子句按顾客分组数据，因此，函数调用 Count(orders.order_num) 对每个顾客的订单计数，将它作为 num_ord 返回。

聚合函数也可以方便地与其他连接类型一起使用。请看下面的例子：

输入
```
SELECT customers.cust_name,
       customers.cust_id,
       Count(orders.order_num) AS num_ord
FROM customers LEFT OUTER JOIN orders
 ON customers.cust_id = orders.cust_id
GROUP BY customers.cust_id;
```

输出
```
+---------------+---------+---------+
| cust_name     | cust_id | num_ord |
+---------------+---------+---------+
| Coyote Inc.   | 10001   |       2 |
| Mouse House   | 10002   |       0 |
| Wascals       | 10003   |       1 |
| Yosemite Place| 10004   |       1 |
| E Fudd        | 10005   |       1 |
+---------------+---------+---------+
```

分析 这个例子使用左外连接来包含所有顾客，甚至包含那些没有下任何订单的顾客。结果显示也包含了顾客 Mouse House，它有 0 笔订单。

16.4   使用连接和连接条件

在总结关于连接的这两章前，有必要汇总一下关于连接及其使用的某些要点。

- 注意所使用的连接类型。通常我们会使用内连接，但使用外连接也是有效的。
- 保证使用正确的连接条件，否则将返回不正确的数据。
- 应该总是提供连接条件，否则会得出笛卡儿积。
- 在一个连接中可以包含多张表，甚至对于每个连接可以采用不同的连接类型。虽然这样做是合法的，通常也很有用，但请确保在同时测试它们之前，分别测试每个连接。这将使故障排除更为简单。

16.5   小结

本章是第 15 章关于连接的继续。本章从讲授如何以及为什么要使用别名开始，然后讨论了不同的连接类型及对每种类型的连接使用的各种语法形式。我们还介绍了如何与连接一起使用聚合函数，以及在使用连接时应该注意的某些问题。

16.6   挑战题

(1) 使用 INNER JOIN 编写一个 SQL 语句，检索每个顾客的名称（customers 表中的 cust_name）以及所有的订单号（orders 表中的 order_num）。

(2) 修改你刚刚创建的 SQL 语句以列出所有顾客，包括那些没有下过订单的顾客。

(3) 使用 OUTER JOIN 连接 products 表和 orderitems 表，并返回产品名称（prod_name）和与之相关的订单号（order_num）的列表，然后按产品名称排序。

(4) 修改上一个挑战题中创建的 SQL 语句，使其返回每一项产品的总订单数（而不是订单号）。

(5) 编写一个 SQL 语句，列出供应商（vendors 表中的 vend_id）及其拥有的产品数量，包括没有产品的供应商。你需要使用 OUTER JOIN 和聚合函数 Count()来计算 products 表中每种产品的数量。注意：vend_id 列会出现在多张表中，所以每次引用它时，你都需要对其进行完全限定。

第 17 章

组合查询

本章将介绍如何利用 UNION 运算符将多个 SELECT 语句组合成一个结果集。

17.1 组合查询简介

SQL 查询通常包含一个 SELECT 语句,该语句从一张或多张表中返回数据。MySQL 也允许执行多个查询(多个 SELECT 语句),并将结果作为单个查询结果集返回。这些组合查询通常称为并(UNION)或复合查询(compound query)。

基本上有两种情况可以使用组合查询:

- ❑ 在单个查询中从不同的表返回类似结构的数据;
- ❑ 对单张表执行多个查询,按单个查询返回数据。

 组合查询和多个 WHERE 条件 大多数情况下,组合相同表的两个查询完成的工作与具有多个 WHERE 子句条件的单个查询完成的工作相同。换句话说,任何具有多个 WHERE 子句的 SELECT 语句都可以作为一个组合查询给出,在接下来的内容中你将看到这一点。这两种技术在不同的查询中性能是不同的。因此,应该试一下这两种技术,以确定对特定的查询哪一种性能更好。

17.2 创建组合查询

可以用 UNION 运算符来组合数个 SQL 查询。利用 UNION 运算符,我们可以给出多个 SELECT 语句,将它们的结果组合成单个结果集。

17.2.1　使用 UNION

UNION 的使用很简单。你所需要做的只是给出每个 SELECT 语句，在各个语句之间放上关键字 UNION。

假如你需要价格小于等于 5 美元的所有产品的一个列表，而且还想包括供应商 1001 和供应商 1002 生产的所有产品（不考虑价格）。当然，可以利用 WHERE 子句来完成此工作，不过这次我们将使用 UNION。

正如所述，创建 UNION 涉及编写多个 SELECT 语句。首先来看单个语句：

输入
```
SELECT vend_id, prod_id, prod_price
FROM products
WHERE prod_price <= 5;
```

输出
```
+---------+---------+------------+
| vend_id | prod_id | prod_price |
+---------+---------+------------+
|    1003 | FC      |       2.50 |
|    1002 | FU1     |       3.42 |
|    1003 | SLING   |       4.49 |
|    1003 | TNT1    |       2.50 |
+---------+---------+------------+
```

输入
```
SELECT vend_id, prod_id, prod_price
FROM products
WHERE vend_id IN (1001,1002);
```

输出
```
+---------+---------+------------+
| vend_id | prod_id | prod_price |
+---------+---------+------------+
|    1001 | ANV01   |       5.99 |
|    1001 | ANV02   |       9.99 |
|    1001 | ANV03   |      14.99 |
|    1002 | FU1     |       3.42 |
|    1002 | OL1     |       8.99 |
+---------+---------+------------+
```

分析　第一个 SELECT 语句检索价格不高于 5 美元的所有产品。第二个 SELECT 语句使用 IN 找出供应商 1001 和供应商 1002 生产的所有产品。

为了组合这两个语句，可以采用以下方法：

输入

```
SELECT vend_id, prod_id, prod_price
FROM products
WHERE prod_price <= 5
UNION
SELECT vend_id, prod_id, prod_price
FROM products
WHERE vend_id IN (1001,1002);
```

输出

```
+---------+---------+------------+
| vend_id | prod_id | prod_price |
+---------+---------+------------+
|    1003 | FC      | 2.50       |
|    1002 | FU1     | 3.42       |
|    1003 | SLING   | 4.49       |
|    1003 | TNT1    | 2.50       |
|    1001 | ANV01   | 5.99       |
|    1001 | ANV02   | 9.99       |
|    1001 | ANV03   | 14.99      |
|    1002 | OL1     | 8.99       |
+---------+---------+------------+
```

分析　这个语句由前面的两个 SELECT 语句组成，语句中用 UNION 关键字分隔。UNION 指示 MySQL 执行两个 SELECT 语句，并把输出组合成单个查询结果集。

作为参考，这里给出了使用多个 WHERE 子句而不是 UNION 的相同查询：

输入

```
SELECT vend_id, prod_id, prod_price
FROM products
WHERE prod_price <= 5
  OR vend_id IN (1001,1002);
```

在这个简单的例子中，UNION 实际上可能比 WHERE 子句更为复杂。但对于更复杂的过滤条件，或者从多张表（而不是单张表）中检索数据的情形，UNION 可能会使处理更简单。

17.2.2　UNION 规则

正如你所看到的，UNION 是非常容易使用的，但在使用时有几条规则需要注意。

□ UNION 必须由两个或两个以上的 SELECT 语句组成，语句之间用
关键字 UNION 分隔。（因此，如果组合 4 个 SELECT 语句，那么就
要使用 3 个 UNION 关键字。）

□ UNION 中的每个查询必须包含相同的列、表达式或聚合函数（不
过各列不需要以相同的次序列出）。

□ 列数据类型必须兼容：类型不必完全相同，但必须是 MySQL 可
以隐式转换的类型（例如，不同的数值类型或不同的日期类型）。

如果遵守了这些基本规则或限制，则可以将 UNION 用于任何数据检
索任务。

17.2.3　包含或取消重复的行

让我们回到 17.2.1 节，考察一下所用的样例 SELECT 语句。可以看
到，在分别执行时，第一个 SELECT 语句返回了 4 行，第二个 SELECT 语
句返回了 5 行。但在用 UNION 组合两个 SELECT 语句后，只返回了 8 行
而不是 9 行。

UNION 从查询结果集中自动去除了重复的行（换句话说，它的行为
与在单个 SELECT 语句中使用多个 WHERE 子句条件一样）。因为供应商
1002 生产的一种产品的价格也低于 5 美元，所以两个 SELECT 语句都返
回了该行。在使用 UNION 时，重复的行会被自动过滤掉。

这是 UNION 的默认行为，但是如果需要，你可以改变它。事实上，
如果想返回所有匹配行，可以使用 UNION ALL 来代替 UNION。

请看下面的例子：

输入
```
SELECT vend_id, prod_id, prod_price
FROM products
WHERE prod_price <= 5
UNION ALL
SELECT vend_id, prod_id, prod_price
FROM products
WHERE vend_id IN (1001,1002);
```

输出
```
+---------+---------+------------+
| vend_id | prod_id | prod_price |
+---------+---------+------------+
|    1003 | FC      |       2.50 |
```

```
|    1002 | FU1      |         3.42 |
|    1003 | SLING    |         4.49 |
|    1003 | TNT1     |         2.50 |
|    1001 | ANV01    |         5.99 |
|    1001 | ANV02    |         9.99 |
|    1001 | ANV03    |        14.99 |
|    1002 | FU1      |         3.42 |
|    1002 | OL1      |         8.99 |
+---------+----------+--------------+
```

分析 使用 UNION ALL 时，MySQL 不会过滤掉重复的行。因此这里的例子返回了 9 行，其中有 1 行出现了两次。

 UNION 与 WHERE 如本章开头部分所述，UNION 几乎总是可以达到与多个 WHERE 条件相同的效果。UNION ALL 为 UNION 的一种形式，它可以完成 WHERE 子句完成不了的工作。如果确实需要每个条件的匹配行全部出现（包括重复行），则必须使用 UNION ALL 而不是 WHERE。

17.2.4 对组合查询结果排序

SELECT 语句的输出可以用 ORDER BY 子句排序。在用 UNION 组合查询时，只能使用一个 ORDER BY 子句，它必须出现在最后一个 SELECT 语句之后。对于结果集，不存在用一种方式排序一部分，又用另一种方式排序另一部分的情况，因此不允许使用多个 ORDER BY 子句。

下面的例子对之前使用的 UNION 返回的结果进行了排序：

输入
```
SELECT vend_id, prod_id, prod_price
FROM products
WHERE prod_price <= 5
UNION
SELECT vend_id, prod_id, prod_price
FROM products
WHERE vend_id IN (1001,1002)
ORDER BY vend_id, prod_price;
```

输出
```
+---------+---------+------------+
| vend_id | prod_id | prod_price |
+---------+---------+------------+
|    1001 | ANV01   |       5.99 |
|    1001 | ANV02   |       9.99 |
```

```
|    1001 | ANV03  |        14.99 |
|    1002 | FU1    |         3.42 |
|    1002 | OL1    |         8.99 |
|    1003 | TNT1   |         2.50 |
|    1003 | FC     |         2.50 |
|    1003 | SLING  |         4.49 |
+---------+--------+--------------+
```

分析 这个 UNION 在最后一个 SELECT 语句后使用了 ORDER BY 子句。虽然 ORDER BY 子句看起来只是最后一个 SELECT 语句的组成部分，但实际上 MySQL 会用它来对所有 SELECT 语句返回的结果进行排序。

 组合不同的表 为简单起见，本章例子中的组合查询使用的均是相同的表，但是其中使用 UNION 的组合查询可以应用不同的表。

17.3 小结

本章讲授了如何用 UNION 运算符来组合 SELECT 语句。利用 UNION，我们可以把多个查询的结果作为一个组合查询返回，不管它们的结果中是否包含重复。使用 UNION，不仅可以极大地简化复杂的 WHERE 子句，也可以简化从多张表中检索数据的工作。

17.4 挑战题

(1) 编写一个 SQL 语句，将两个 SELECT 语句结合起来，以便从 order-items 表中检索产品 ID（prod_id）和 quantity，其中，一个 SELECT 语句用于过滤数量恰好为 100 的行，另一个 SELECT 语句用于过滤 ID 以 BNBG 开头的产品。按产品 ID 对结果进行排序。

(2) 重写你刚刚创建的 SQL 语句，仅使用单个 SELECT 语句。

(3) 虽然这个挑战题有点儿荒谬，但它确实做了你在本章中学到的事情。编写一个 SQL 语句，返回并组合 products 表中的产品名称（prod_name）和 customers 表中的顾客名称（cust_name），然后按产品名称对结果进行排序。

(4) 以下 SQL 语句有什么问题?（尝试在不运行的情况下指出。）

```
SELECT cust_name, cust_contact, cust_email
FROM customers
WHERE cust_state = 'MI'
ORDER BY cust_name;
UNION
SELECT cust_name, cust_contact, cust_email
FROM customers
WHERE cust_state = 'IL'
ORDER BY cust_name;
```

第 18 章

全文搜索

本章将学习如何使用 MySQL 的全文搜索功能进行高级的数据查询和选择。

18.1　理解全文搜索

　并非所有引擎都支持全文搜索　正如第 21 章将要介绍的，MySQL 支持几种基本的数据库引擎。并非所有的引擎都支持本章中所描述的全文搜索。两个最常使用的引擎为 MyISAM 和 InnoDB，前者支持全文搜索，后者则不支持[①]。这就是虽然本书中创建的大多数样例表使用 InnoDB，但有一张样例表（productnotes 表）使用 MyISAM 的原因。如果你的应用程序中需要全文搜索功能，那么就应该记住这一点。

第 8 章介绍过 LIKE 运算符，它利用通配符来匹配文本（或部分文本）。使用 LIKE，能够查找包含特殊值或部分值的行（不管这些值位于列内什么位置）。

在第 9 章中，通过使用正则表达式来匹配列值，我们将基于文本的搜索提升到了一个新的层次。使用正则表达式，我们可以编写查找所需行的非常复杂的匹配模式。

虽然这些搜索机制非常有用，但存在几个重要的限制。

❏ **性能**——通配符和正则表达式匹配通常要求 MySQL 尝试匹配表中所有行（而且这些搜索极少使用表索引）。因此，由于被搜索行数不断增加，这些搜索可能非常耗时。

　　[①] 事实上，InnoDB 已从 MySQL 5.6 开始支持全文搜索。——编者注

❑ **明确控制**——使用通配符和正则表达式匹配很难而且并不总是能够明确地控制匹配什么和不匹配什么。例如，指定一个词必须匹配、一个词必须不匹配，以及一个词仅在第一个词确实匹配的情况下才可以匹配或者才可以不匹配的搜索。

❑ **智能化的结果**——虽然基于通配符和正则表达式的搜索提供了非常灵活的搜索，但它们都不能提供一种智能化的选择结果的方法。例如，搜索特定单词将会返回包含该词的所有行，而不区分包含单个匹配的行和包含多个匹配的行 (按照可能是更好的匹配来排列它们)。类似地，搜索特定单词将不会找出不包含该词但包含其他相关词的行。

所有这些限制以及更多的限制都可以用全文搜索来解决。在使用全文搜索时，MySQL 不需要逐行分析和处理每个单词，而是在指定列中创建单词索引，搜索可以针对这些单词进行。这样，MySQL 可以快速有效地决定哪些词匹配 (哪些行包含它们)、哪些词不匹配、它们匹配的频率，等等。

18.2 使用全文搜索

全文搜索只能在具有特定索引列的表上执行，以便以这种方式进行搜索。通常在创建表时即可创建索引，productnotes 表中就有我们为此目的而创建的 note_text 列。

18.2.1 执行全文搜索

在索引之后，可以使用 Match() 和 Against() 这两个函数执行全文搜索，其中 Match() 指定被搜索的列，Against() 指定要使用的搜索表达式。

下面举一个例子：

输入
```
SELECT note_text
FROM productnotes
WHERE Match(note_text) Against('rabbit');
```

输出
```
+-----------------------------------------------------+
| note_text                                           |
+-----------------------------------------------------+
```

```
| Customer complaint: rabbit has been able to detect|
| trap, food apparently less effective now.         |
| Quantity varies, sold by the sack load. All       |
| guaranteed to be bright and orange, and suitable  |
| for use as rabbit bait.                           |
+---------------------------------------------------+
```

 分析 此 SELECT 语句检索的是 note_text 这一列。对于 WHERE 子句，执行全文搜索。Match(note_text)指示 MySQL 针对指定的列进行搜索，Against('rabbit')指定词 rabbit 作为搜索文本。由于有两行包含词 rabbit，因此返回的是这两行。

> **使用完整的 Match()说明**   传递给 Match()的值必须与 FULLTEXT()定义中的相同。如果指定了多列，则必须将它们全部都列出来（而且次序正确）。

> **搜索不区分大小写**   除非使用 BINARY 模式（本章中没有介绍），否则全文搜索不区分大小写。

事实上，刚才的搜索可以简单地用 LIKE 子句完成，如下所示：

输入
```
SELECT note_text
FROM productnotes
WHERE note_text LIKE '%rabbit%';
```

输出
```
+-----------------------------------------------------------------------+
| note_text                                                             |
+-----------------------------------------------------------------------+
| Quantity varies, sold by the sack load. All guaranteed to be          |
| bright and orange, and suitable for use as rabbit bait.               |
| Customer complaint: rabbit has been able to detect trap, food         |
| apparently less effective now.                                        |
+-----------------------------------------------------------------------+
```

分析 这个 SELECT 语句同样检索出两行，但次序不同（虽然并不总是出现这种情况）。

上述两个 SELECT 语句都不包含 ORDER BY 子句。后者（使用 LIKE）

以不是特别有用的顺序返回数据。前者（使用全文搜索）返回的数据按
照匹配程度排序。两行都包含词 rabbit，但包含词 rabbit 作为第 3 个
词的行比作为第 20 个词的行等级高。这很重要。全文搜索的一个重要部
分就是对结果排序。排名较高的行先返回（因为这些行很可能是你真正
想要的行）。

　　为了演示排序如何工作，请看以下例子：

输入

```
SELECT note_text,
       Match(note_text) Against('rabbit') AS match_rank
FROM productnotes;
```

输出

note_text	match_rank
Customer complaint: Sticks not individually wrapped, too easy to mistakenly detonate all at once. Recommend individual wrapping.	0
Can shipped full, refills not available. Need to order new can if refill needed.	0
Safe is combination locked, combination not provided with safe. This is rarely a problem as safes are typically blown up or dropped by customers.	0
Quantity varies, sold by the sack load. All guaranteed to be bright and orange, and suitable for as rabbit bait.	1.5905543170914
Included fuses are short and have been known to detonate too quickly for some customers. Longer fuses are available (item FU1) and should be recommended.	0
Matches not included, recommend purchase of matches or detonator (item DTNTR).	0
Please note that no returns will be accepted if safe opened using explosives.	0
Multiple customer returns, anvils failing to drop fast enough or falling backwards on purchaser. Recommend that customer considers using heavier anvils.	0
Item is extremely heavy. Designed for dropping, not recommended for use with slings, ropes, pulleys, or tightropes.	0
Customer complaint: rabbit has been able to detect trap, food apparently less effective	1.6408053837485

```
| now.                                           |                    |
| Shipped unassembled, requires common tools     |       0            |
| (including oversized hammer).                  |                    |
| Customer complaint: Circular hole in safe floor|       0            |
| can apparently be easily cut with handsaw.     |                    |
| Customer complaint: Not heavy enough to        |       0            |
| generate flying stars around head of victim.   |                    |
| If being purchased for dropping, recommend     |                    |
| ANV02 or ANV03 instead.                        |                    |
| Call from individual trapped in safe plummeting|       0            |
| to the ground, suggests an escape hatch be     |                    |
| added. Comment forwarded to vendor.            |                    |
+------------------------------------------------+------------------- +
```

 这里，在 SELECT 语句而不是 WHERE 子句中使用 Match()和 Against()。这使所有行都被返回（因为没有 WHERE 子句）。Match()和 Against()用来建立别名为 match_rank 的计算列，此列包含全文搜索计算出的匹配度。匹配度是由 MySQL 根据行中词的数目、唯一词的数目、整个索引中词的总数以及包含该词的行的数目计算出来的。

正如你所看到的，不包含词 rabbit 的行匹配度为 0（因此不被前面例子中的 WHERE 子句选择）。确实包含词 rabbit 的两行每行都有一个匹配度，文本中词靠前的行比词靠后的行匹配度高。这个例子有助于说明全文搜索如何排除行（排除那些匹配度为 0 的行）以及如何排序结果（按匹配度以降序排序）。

> **排序多个搜索项** 如果指定多个搜索项，则包含大多数匹配词的那些行将比包含较少匹配词（或仅有一个匹配）的那些行匹配度高。

正如你所看到的，全文搜索提供了简单 LIKE 搜索不能提供的功能。而且，随着数据不断被索引，全文搜索的速度也会大大加快。

18.2.2 使用查询扩展

查询扩展用来设法放宽所返回的全文搜索结果的范围。考虑下面的情况。你想找出所有提到 anvils 的注释。只有一个注释包含词 anvils，但你还想找出可能与你的搜索有关的所有其他行，即使它们不包含词 anvils。

这也是查询扩展的一项任务。在使用查询扩展时，MySQL 会对数据和索引进行两遍扫描以完成搜索。

- ❑ 首先，MySQL 会进行一个基本的全文搜索，找出与搜索条件匹配的所有行。
- ❑ 然后，MySQL 会检查这些匹配行并选择所有有用的词。（我们会简要地解释 MySQL 如何断定什么有用，什么没用。）
- ❑ 最后，MySQL 会再次进行全文搜索，这次不仅使用原来的条件，还使用所有有用的词。

利用查询扩展，我们可以找出可能相关的结果，即使它们并不精确包含所查找的词。

下面举一个例子，首先进行一个简单的全文搜索，没有查询扩展：

输入

```
SELECT note_text
FROM productnotes
WHERE Match(note_text) Against('anvils');
```

输出

```
+-----------------------------------------------------------------+
| note_text                                                       |
+-----------------------------------------------------------------+
| Multiple customer returns, anvils failing to drop fast enough or |
| falling backwards on purchaser. Recommend that customer considers |
| using heavier anvils.                                           |
+-----------------------------------------------------------------+
```

分析　只有一行包含词 anvils，因此只返回一行。

下面是相同的搜索，这次使用查询扩展：

输入

```
SELECT note_text
FROM productnotes
WHERE Match(note_text)
        Against('anvils' WITH QUERY EXPANSION);
```

输出

```
+-----------------------------------------------------------------+
| note_text                                                       |
+-----------------------------------------------------------------+
| Multiple customer returns, anvils failing to drop fast enough or |
| falling backwards on purchaser. Recommend that customer considers |
```

```
| using heavier anvils.                                                   |
| Customer complaint: Sticks not individually wrapped, too easy to        |
| mistakenly detonate all at once. Recommend individual wrapping.         |
| Customer complaint: Not heavy enough to generate flying stars           |
| around head of victim. If being purchased for dropping, recommend       |
| ANV02 or ANV03 instead.                                                 |
| Please note that no returns will be accepted if safe opened using       |
| explosives.                                                             |
| Customer complaint: rabbit has been able to detect trap, food           |
| apparently less effective now.                                          |
| Customer complaint: Circular hole in safe floor can apparently be       |
| easily cut with handsaw.                                                |
| Matches not included, recommend purchase of matches or detonator        |
| (item DTNTR).                                                           |
+-------------------------------------------------------------------------+
```

分析   这次返回了 7 行。第 1 行包含词 anvils，因此匹配度最高。
第 2 行与 anvils 无关，但因为它包含第 1 行中的两个词
（customer 和 recommend），所以也被检索出来了。第 3 行也包含相同的
两个词，但它们在文本中的位置更靠后且分开得更远，因此这一行虽然
被包含在内，但匹配度稍低，排在第三。第 3 行确实也没有涉及 anvils
（按它们的产品名称）。

正如你所看到的，查询扩展极大地增加了返回的行数，但这样做也
增加了你实际上并不想要的行的数目。

> **行越多越好** 表中的行越多（这些行中的文本就越多），使用
> 查询扩展返回的结果就越好。

18.2.3 布尔文本搜索

MySQL 支持全文搜索的另外一种形式——**布尔模式**（boolean mode）。
以布尔模式，可以提供关于如下内容的细节：

❏ 要匹配的词；
❏ 要排斥的词（如果某行包含这个词，则不返回该行，即使它包含
　其他指定的词也是如此）；
❏ 排列提示（指定某些词比其他词更重要，更重要的词匹配度更高）；
❏ 表达式分组。

即使没有 FULLTEXT 索引也可以使用　与迄今为止使用的全文搜索语法不同，即使没有定义 FULLTEXT 索引，也可以使用布尔模式。但这是一种非常缓慢的操作（其性能将随着数据量的增加而降低）。

为了演示布尔模式的作用，我们来看一个简单的例子：

```
SELECT note_text
FROM productnotes
WHERE Match(note_text)
      Against('heavy' IN BOOLEAN MODE);
```

输出

```
+----------------------------------------------------------------------+
| note_text                                                            |
+----------------------------------------------------------------------+
| Item is extremely heavy. Designed for dropping, not recommended      |
| for use with slings, ropes, pulleys, or tightropes.                  |
| Customer complaint: Not heavy enough to generate flying stars        |
| around head of victim. If being purchased for dropping, recommend    |
| ANV02 or ANV03 instead.                                              |
+----------------------------------------------------------------------+
```

分析　此全文搜索检索了包含词 heavy 的所有行（有两行），其中使用了关键字 IN BOOLEAN MODE，但实际上没有指定布尔运算符，因此，其结果与没有指定布尔模式的结果相同。

 IN BOOLEAN MODE 的行为差异　虽然这个例子的结果与不使用 IN BOOLEAN MODE 时的结果相同，但其行为有一个重要的差别（即使在这个特殊的例子中没有表现出来），我们将在18.2.4 节指出。

为了匹配包含 heavy 但不包含任意以 rope 开始的词的行，可以使用以下查询：

```
SELECT note_text
FROM productnotes
WHERE Match(note_text)
      Against('heavy -rope*' IN BOOLEAN MODE);
```

输出

```
+------------------------------------------------------------------------+
| note_text                                                              |
+------------------------------------------------------------------------+
| Customer complaint: Not heavy enough to generate flying stars          |
| around head of victim. If being purchased for dropping, recommend      |
| ANV02 or ANV03 instead.                                                |
+------------------------------------------------------------------------+
```

分析　这次只返回一行。虽然这次仍然匹配词 heavy，但-rope*明确地指示 MySQL 排除包含 rope*（任何以 rope 开始的词，包括 ropes）的行，这就是其中一行被排除的原因。

我们已经看到了两个全文搜索布尔运算符，即-和*，-用于排除一个词，而*是截断运算符（可想象为用于词尾的一个通配符）。表 18-1 列出了 MySQL 支持的所有布尔运算符。

表 18-1　全文布尔运算符

布尔运算符	说　　明
+	包含，词必须存在
-	排除，词必须不出现
>	包含，且提高匹配度
<	包含，且降低匹配度
()	把词组成子表达式（允许这些子表达式作为一个组被包含、排除、排列等）
~	取消一个词的排序值
*	词尾的通配符
""	使用文本短语（而不是单个词的列表）来匹配包含或排除

下面我们举几个例子来说明一下某些运算符如何使用：

输入
```
SELECT note_text
FROM productnotes
WHERE Match(note_text)
     Against('+rabbit +bait' IN BOOLEAN MODE);
```

分析　这个搜索匹配包含词 rabbit 和 bait 的行。

输入
```
SELECT note_text
FROM productnotes
WHERE Match(note_text)
     Against('rabbit bait' IN BOOLEAN MODE);
```

| 分析 | 没有指定运算符，这个搜索匹配包含 rabbit 和 bait 中至少一个词的行。 |

| 输入 | ```
SELECT note_text
FROM productnotes
WHERE Match(note_text)
    Against('"rabbit bait"' IN BOOLEAN MODE);
``` |

| 分析 | 这个搜索匹配短语 rabbit bait，而不是 rabbit 和 bait 这两个词。 |

| 输入 | ```
SELECT note_text
FROM productnotes
WHERE Match(note_text)
    Against('>rabbit <carrot' IN BOOLEAN MODE);
``` |

| 分析 | 这个搜索同时匹配 rabbit 和 carrot，提高前者的匹配度，降低后者的匹配度。 |

| 输入 | ```
SELECT note_text
FROM productnotes
WHERE Match(note_text)
    Against('+safe +(<combination)' IN BOOLEAN MODE);
``` |

| 分析 | 这个搜索匹配词 safe 和 combination，降低后者的匹配度。 |

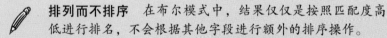

> 　**排列而不排序**　在布尔模式中，结果仅仅是按照匹配度高低进行排名，不会根据其他字段进行额外的排序操作。

18.2.4　全文搜索的使用说明

在结束本章之前，下面给出了关于全文搜索的某些重要的说明。

- ❏ 在索引全文数据时，会忽略并排除短词。默认情况下，短词被定义为那些具有 3 个或 3 个以下字符的词（如果需要，这个数目可以更改）。
- ❏ MySQL 带有一个内建的**停用词**（stopword）列表，这些词在索引全文数据时总是会被忽略。如果需要，这个列表是可以被覆盖的（请参阅 MySQL 文档以了解如何完成此工作）。
```

- 许多词出现的频率很高，搜索它们没有用处（返回太多的结果）。因此，MySQL 规定了一条 50%规则，即如果一个词出现在 50%（含）以上的行中，则将它作为一个停用词忽略。（50%规则不用于布尔模式。）
- 如果表中的行数少于 3 行，则全文搜索不返回结果（因为每个词总是出现在至少 50%的行中）。
- 忽略词中的单引号。例如，don't 索引为 dont。
- 不具有词分隔符的语言（包括日语和汉语）不能恰当地返回全文搜索结果。[①]
- 如前所述，仅 MyISAM 数据库引擎支持全文搜索。[②]

 没有邻近运算符　邻近搜索是许多全文搜索支持的一个特性，它能搜索相邻的词（在相同的句子中、相同的段落中或者在特定数目的词的部分中，等等）。MySQL 全文搜索现在还不支持邻近运算符，不过未来的版本有支持这种运算符的计划。

18.3　小结

本章介绍了为什么要使用全文搜索，以及如何使用 MySQL 的 Match()函数和 Against()函数进行全文搜索。我们还学习了查询扩展（它能增加找到相关匹配的机会）以及如何使用布尔模式进行更细致的查找控制。

18.4　挑战题

(1) 编写一个 SQL 语句，使用全文搜索返回包含词 safe 但不包含词 handsaw 的所有行。
(2) 编写一个 SQL 语句，使用全文搜索返回包含词 drop、dropped、dropping 以及任何以 drop 开头的其他词的所有行。

---

① 从 MySQL 5.7.6 开始，MySQL 提供了一个支持汉语、日语和韩语的 ngram 全文解析器。——编者注
② 参见 P143 注释①。

第 19 章

插入数据

本章将介绍如何利用 SQL 的 INSERT 语句将数据插入表中。

19.1　数据插入

毫无疑问，SELECT 是最常使用的 SQL 语句了（这就是前 15 章都在专门讲述它的原因）。但是，还有其他 3 个经常使用的 SQL 语句需要学习。第一个就是 INSERT（第 20 章会介绍另外两个）。

顾名思义，INSERT 是用来将行插入（或添加）到数据库表中的。INSERT 可以以多种方式使用：

❑ 插入完整的行；
❑ 插入行的一部分；
❑ 插入多行；
❑ 插入某些查询的结果。

接下来我们将依次介绍这些内容。

 INSERT 及系统安全　正如第 28 章将要介绍的，可以利用 MySQL 的安全机制，禁止针对每张表或每个用户使用 INSERT 语句。

19.2　插入完整的行

把数据插入表中的最简单方法是使用基本的 INSERT 语法，它要求指定表名和被插入到新行中的值。下面举一个例子。

 `INSERT INTO customers`
`VALUES(NULL,`

```
'Pep E. LaPew',
'100 Main Street',
'Los Angeles',
'CA',
'90046',
'USA',
NULL,
NULL);
```

 没有输出 INSERT 语句一般不会产生输出。

分析 此例将一个新顾客插入到了 customers 表中。存储到每列中的数据在 VALUES 子句中给出，对每列必须提供一个值。如果某列没有值（如上面的 cust_contact 列和 cust_email 列），则应该使用 NULL 值（假定表不允许对该列指定值）。各列必须以它们在表定义中出现的次序被填充。第 1 列（cust_id）也为 NULL。这是因为每次插入新行时，该列由 MySQL 自动增量。你既不想给出一个值（这是 MySQL 的工作），又不能省略此列（如前所述，必须给出每一列），所以指定了一个 NULL 值（MySQL 会忽略它，并在这里插入下一个可用的 cust_id 值）。

虽然这种语法很简单，但并不安全，应该尽量避免使用。上面的 SQL 语句高度依赖于表中列的定义次序，并且还依赖于能够轻松获取关于列顺序的信息。即使可得到这种次序信息，也不能保证下一次表结构变动后各列会保持完全相同的次序。因此，编写依赖于特定列次序的 SQL 语句是很不安全的。如果这样做，那么有时难免会出问题。

编写 INSERT 语句的更安全（不过更烦琐）的方法如下所示：

输入
```
INSERT INTO customers(cust_name,
    cust_address,
    cust_city,
    cust_state,
    cust_zip,
    cust_country,
    cust_contact,
    cust_email)
VALUES('Pep E. LaPew',
    '100 Main Street',
```

```
    'Los Angeles',
    'CA',
    '90046',
    'USA',
    NULL,
    NULL);
```

分析 此例完成了与上一个 INSERT 语句完全相同的工作，但在表名
后的圆括号里明确地给出了列名。在插入行时，MySQL 将用
VALUES 列表中的相应值填入列表中的对应项。VALUES 中的第一个值对
应于第一个指定的列名，第二个值对应于第二个指定的列名，以此类推。

　　因为提供了列名，所以 VALUES 必须以其指定的次序（而不一定按
各列出现在实际表中的次序）匹配指定的列名。这样做的优点是，即使
表的结构改变，此 INSERT 语句仍然能正确执行。

　　你会发现 cust_id 的 NULL 值是不必要的，cust_id 列并没有出现
在列表中，所以不需要任何值。

　　下面的 INSERT 语句将填充所有列（与前面一样），但会以一种不同
的次序填充。因为给出了列名，所以插入结果仍然正确。

输入
```
INSERT INTO customers(cust_name,
    cust_contact,
    cust_email,
    cust_address,
    cust_city,
    cust_state,
    cust_zip,
    cust_country)
VALUES('Pep E. LaPew',
    NULL,
    NULL),
    '100 Main Street',
    'Los Angeles',
    'CA',
    '90046',
    'USA');
```

 总是使用列的列表　一般不要使用没有明确给出列的列表的
INSERT 语句。使用列的列表能使 SQL 代码继续发挥作用，即
使表结构发生了变化。

仔细地给出 VALUES 不管使用哪种 INSERT 语法，都必须给出 VALUES 的正确数目。如果不提供列名，则必须给每列提供一个值；如果提供列名，则必须对列出的每列给出一个值。如果不这样做，那么将产生一条错误消息，相应的行插入就会不成功。

使用这种语法还可以省略列。这表示可以只给某些列提供值，而不给其他列提供值。（事实上你已经看到过这样的例子：当列名被明确列出时，cust_id 可以省略。）

省略列 如果表的定义允许，则可以在 INSERT 操作中省略某些列。省略的列必须满足以下某个条件。

❑ 该列被定义为允许 NULL 值（完全没有值）。
❑ 在表定义中给出默认值。这表示如果不给出值，那么将使用默认值。

如果对表中不允许 NULL 值且没有默认值的列不给出值，则 MySQL 将产生一条错误消息，并且相应的行插入就会不成功。

提高整体性能 数据库经常会被多个客户访问，对处理什么请求以及用什么次序处理进行管理是 MySQL 的任务。INSERT 操作可能很耗时（特别是有很多索引需要更新时），而且它可能会降低等待处理的 SELECT 语句的性能。

如果数据检索是最重要的（通常是这样），则可以通过在 INSERT 和 INTO 之间添加关键字 LOW_PRIORITY[1]，指示 MySQL 降低 INSERT 语句的优先级，如下所示：

INSERT LOW_PRIORITY INTO

顺便说一下，这也适用于第 20 章将要介绍的 UPDATE 语句和 DELETE 语句。

---

① 注意，LOW_PRIORITY 仅影响使用表级锁定的存储引擎，比如 MyISAM、MEMORY 和 MERGE。——编者注

19.3   插入多行

INSERT 可以将一行插入到一张表中。但如果你想插入多行，该怎么办？可以使用多个 INSERT 语句，甚至一次提交它们，每个语句用一个分号结束，如下所示：

```
INSERT INTO customers(cust_name,
    cust_address,
    cust_city,
    cust_state,
    cust_zip,
    cust_country)
VALUES('Pep E. LaPew',
    '100 Main Street',
    'Los Angeles',
    'CA',
    '90046',
    'USA');
INSERT INTO customers(cust_name,
    cust_address,
    cust_city,
    cust_state,
    cust_zip,
    cust_country)
VALUES('M. Martian',
    '42 Galaxy Way',
    'New York',
    'NY',
    '11213',
    'USA');
```

或者，只要每个 INSERT 语句中的列名和次序相同，就可以像下面这样组合各语句：

```
INSERT INTO customers(cust_name,
    cust_address,
    cust_city,
    cust_state,
    cust_zip,
    cust_country)
VALUES(
        'Pep E. LaPew',
        '100 Main Street',
        'Los Angeles',
        'CA',
```

```
            '90046',
            'USA'
        ),
        (
            'M. Martian',
            '42 Galaxy Way',
            'New York',
            'NY',
            '11213',
            'USA'
        );
```

 分析 此例中单个 INSERT 语句有多组值，每组值用一对圆括号括起来，用逗号分隔。

> 💡 **提高 INSERT 的性能** 上面展示的技术可以提高数据库处理的性能，因为 MySQL 处理单个 INSERT 语句中的多个插入比处理多个 INSERT 语句速度要快。

19.4 插入检索出的数据

INSERT 一般用来给表插入指定列值的行。但是，INSERT 还支持另一种形式，可以利用它将一个 SELECT 语句的结果插入表中。这就是所谓 INSERT SELECT，顾名思义，它是由一个 INSERT 语句和一个 SELECT 语句组成的。

假如你想从另一张表中将顾客列表合并到你的 customers 表。不需要每次读取一行，然后再将它用 INSERT 插入，可以像下面这样做。

> **新例子的说明** 这个例子会把一张名为 custnew 的表中的数据导入 customers 表中。为了试验这个例子，首先应该创建和填充 custnew 表。custnew 表的结构与附录 B 中描述的 customers 表相同。在填充 custnew 时，请确保不要使用 customers 中已经使用过的 cust_id 值（如果主键值重复，那么后续的 INSERT 操作将会失败），或者，也可以直接省略这列值，让 MySQL 在导入数据的过程中产生新值。

输入
```
INSERT INTO customers(cust_id,
    cust_contact,
    cust_email,
    cust_name,
    cust_address,
    cust_city,
    cust_state,
    cust_zip,
    cust_country)
SELECT cust_id,
    cust_contact,
    cust_email,
    cust_name,
    cust_address,
    cust_city,
    cust_state,
    cust_zip,
    cust_country
FROM custnew;
```

分析　这个例子使用 INSERT SELECT 从 custnew 中将所有数据导入
customers。SELECT 语句从 custnew 检索出要插入的值，而不
是列出它们。SELECT 中列出的每一列对应于 customers 表名后所跟的
列表中的每一列。这个语句将插入多少行有赖于 custnew 表中有多少行。
如果这张表为空，则没有行被插入（也不产生错误，因为操作仍然是合法
的）。如果这张表确实含有数据，则所有数据将被插入 customers 中。

这个例子导入了 cust_id（假设你能够确保 cust_id 的值不重复）。
你也可以简单地从 INSERT 和 SELECT 中省略该列，这样 MySQL 就会生
成新值。

INSERT SELECT 中的列名　为简单起见，这个例子在 INSERT 语
句和 SELECT 语句中使用了相同的列名。但是，不一定要求列
名匹配。事实上，MySQL 甚至不关心 SELECT 返回的列名。
它使用的是列的位置，因此 SELECT 中的第 1 列（不管其列名）
将用来填充表列中指定的第 1 列，第 2 列将用来填充表列中指
定的第 2 列，以此类推。这对于从使用不同列名的表中导入数
据是非常有用的。

INSERT SELECT 中的 SELECT 语句可包含 WHERE 子句以过滤插入的数据。

 更多例子 如果想看 INSERT 用法的更多例子，请参阅附录 B 中给出的样例表填充脚本，这些脚本用于创建本书中使用的样例表。

19.5 小结

本章介绍了如何将行插入到数据库表中。我们不仅学习了 INSERT 的几种用法以及为什么要明确使用列名，还学习了如何用 INSERT SELECT 从其他表中导入行。第 20 章将讲述如何使用 UPDATE 和 DELETE 来进一步操作表数据。

19.6 挑战题

(1) 使用 INSERT 和指定的列，将你自己添加到 customers 表中。明确列出要添加哪几列，并且仅需列出你需要的列。

(2) 使用 INSERT SELECT 语句，为你的 orders 表和 orderitems 表创建备份副本。

第 20 章

更新数据和删除数据

本章将介绍如何利用 UPDATE 语句和 DELETE 语句进一步操作表数据。

20.1　更新数据

为了更新（修改）表中的数据，可以使用 UPDATE 语句。UPDATE 语句可以以两种方式使用：

- ❏ 更新表中特定行；
- ❏ 更新表中所有行。

下面我们分别来介绍一下。

 不要省略 WHERE 子句　在使用 UPDATE 语句时需要特别小心，因为稍不注意就会错误地更新表中的所有行。在使用这个语句前，请完整地阅读本节。

 UPDATE 与安全　可以限制和控制 UPDATE 语句的使用，更多内容请参见第 28 章。

UPDATE 语句使用起来非常简单，甚至可以说是太简单了。基本的 UPDATE 语句由 3 部分组成，分别是：

- ❏ 要更新的表；
- ❏ 列名和它们的新值；
- ❏ 确定哪些行要被更新的过滤条件。

举一个简单的例子。顾客 10005 现在有了电子邮件地址，因此他的记录需要更新，语句如下所示：

```
UPDATE customers
SET cust_email = 'elmer@turingbook.com'
WHERE cust_id = 10005;
```

UPDATE 语句总是以要更新的表的名字开始。在此例子中，要更新的表的名字为 customers。SET 命令用来将新值赋给被更新的列。在这个例子中，SET 子句设置 cust_email 列为指定的值：

```
SET cust_email = 'elmer@turingbook.com'
```

UPDATE 语句以 WHERE 子句结束，它告诉 MySQL 要更新哪一行。没有 WHERE 子句，MySQL 会使用这个电子邮件地址更新 customers 表中的所有行——这绝对不是我们所希望的。

更新多列的语法稍有不同：

```
UPDATE customers
SET cust_name = 'The Fudds',
    cust_email = 'elmer@turingbook.com'
WHERE cust_id = 10005;
```

在更新多列时，只需要使用单个 SET 命令，每个 column = value 对之间用逗号分隔（最后一列之后不用逗号）。在此例子中，更新顾客 10005 的 cust_name 列和 cust_email 列。

 在 UPDATE 语句中使用子查询　UPDATE 语句中可以使用子查询，这样就能用 SELECT 语句检索出的数据更新列数据。关于子查询及其用法的更多内容，请参阅第 14 章。

 IGNORE 关键字　如果用 UPDATE 语句更新多行，并且在更新这些行中的一行或多行时出现错误，则整个 UPDATE 操作会被取消（错误发生前更新的所有行会被恢复到它们原来的值）。即使发生错误，也要继续进行更新，可以使用 IGNORE 关键字，如下所示。

```
UPDATE IGNORE customers ...
```

为了删除某一列的值，可以将它设置为 NULL（假如表定义允许 NULL 值）。可以像下面这样做：

```
UPDATE customers
SET cust_email = NULL
WHERE cust_id = 10005;
```

其中 NULL 用来去除 cust_email 列中的值。

20.2   删除数据

为了从一张表中删除（去掉）数据，可以使用 DELETE 语句。DELETE 语句可以以两种方式使用：

❏ 从表中删除特定的行；
❏ 从表中删除所有行。

下面我们分别来介绍一下。

不要省略 WHERE 子句   在使用 DELETE 语句时需要特别小心，因为稍不注意就会错误地删除表中的所有行。在使用这个语句前，请完整地阅读本节。

DELETE 与安全   可以限制和控制 DELETE 语句的使用，更多内容请参见第 28 章。

前面说过，UPDATE 语句使用起来非常简单，而 DELETE 语句使用起来更简单。

下面的语句会从 customers 表中删除一行：

```
DELETE FROM customers
WHERE cust_id = 10006;
```

这个语句很容易理解。DELETE FROM 要求指定从中删除数据的表名。WHERE 子句过滤要删除的行。在这个例子中，只删除顾客 10006。如果省略 WHERE 子句，则这个语句将删除表中每个顾客。

DELETE 语句不需要列名或通配符。DELETE 语句删除的是整行而不是列。为了删除指定的列，请使用 UPDATE 语句。

删除表的内容而不是表本身 DELETE 语句会从表中删除行，甚至是删除表中的所有行。但是，DELETE 语句不删除表本身。

 更快的删除 如果想从表中删除所有行，则不要使用 DELETE 语句。可以使用 TRUNCATE TABLE 语句，它能够完成相同的工作，而且速度更快（TRUNCATE 实际上是删除原来的表并重新创建一张表，而不是逐行删除表中的数据）。

20.3 更新数据和删除数据的指导原则

20.1 节和 20.2 节中使用的 UPDATE 语句和 DELETE 语句全都具有 WHERE 子句，这样做是有充分理由的。如果省略了 WHERE 子句，则 UPDATE 语句或 DELETE 语句将被应用到表中所有的行。换句话说，如果执行 UPDATE 语句而不带 WHERE 子句，则表中的每一行都将用新值更新。类似地，如果执行 DELETE 语句而不带 WHERE 子句，则表的所有数据都将被删除。

以下是许多 SQL 程序员在使用 UPDATE 或 DELETE 时所遵循的一些最佳实践。

- 永远不要在没有 WHERE 子句的情况下执行 UPDATE 操作或 DELETE 操作，除非你确实打算更新或删除每一行数据。
- 确保每张表都有一个主键（如果你忘记主键是什么，请参阅第 15 章），并尽可能使用主键作为 WHERE 子句的条件。你可以指定单个主键、多个数值或数值范围。
- 在对 UPDATE 语句或 DELETE 语句使用 WHERE 子句前，应该先用 SELECT 语句进行测试，保证它过滤的是正确的记录，以防编写的 WHERE 子句不正确。
- 使用数据库强制地引用完整性（关于这个内容，请参阅第 15 章），这样 MySQL 将不允许删除与其他表相关联的数据的行。

小心使用 MySQL 没有撤销（undo）按钮。应该非常小心地使用 UPDATE 和 DELETE，否则你会发现自己更新或删除了错误的数据。

20.4 小结

本章讲解了如何使用 UPDATE 语句和 DELETE 语句处理表中的数据。我们学习了这些语句的语法，知道了它们固有的危险性。本章还讲解了为什么 WHERE 子句对 UPDATE 语句和 DELETE 语句很重要，并且给出了应该遵循的一些指导原则，以保证数据的安全。

20.5 挑战题

(1) 美国各州的缩写应该始终是大写。编写一个 SQL 语句来更新所有美国地址，包括供应商所在州（vendors 表中的 vend_state）和顾客所在州（customers 表中的 cust_state），使它们均为大写。为此，你需要使用一个将文本转换为大写的函数（如果需要，请参阅第 11 章），并使用 WHERE 子句仅过滤美国地址。

(2) 第 15 章中的挑战题(1)要求你将自己添加到 customers 表中。现在请删除你自己。确保使用 WHERE 子句（并在使用 DELETE 语句之前用 SELECT 语句进行测试），否则你将删除所有顾客。

创建和操作表

本章将介绍表的创建、更改和删除的基础知识。

21.1　创建表

MySQL 不仅可用于表数据操作，还可用于执行数据库和表的所有操作，包括表本身的创建和处理。

创建数据库表通常有两种方式：

❑ 使用具有交互式创建和管理表的工具（如第 2 章讨论的工具）；
❑ 也可以直接用 MySQL 语句操作。

为了用程序创建表，可以使用 SQL 的 CREATE TABLE 语句。值得注意的是，在使用交互式工具时，实际上使用的是 MySQL 语句。但是，这些语句不是用户编写的，界面工具会自动生成并执行相应的 MySQL 语句。

 其他的例子　如附录 B 所述，关于表创建脚本的其他例子，请参阅本书中用来创建样例表的代码。

21.1.1　表创建基础

为了利用 CREATE TABLE 语句创建表，必须给出下列信息：

❑ 新表的名字，在 CREATE TABLE 语句之后给出；
❑ 表列的名字和定义，用逗号分隔。

CREATE TABLE 语句也可能会包括其他关键字或选项，但至少要包括表名和列的细节。下面的 MySQL 语句可以创建本书中所用的 customers 表：

输入

```
CREATE TABLE customers
(
   cust_id      int         NOT NULL AUTO_INCREMENT,
   cust_name    char(50)    NOT NULL ,
   cust_address char(50)    NULL ,
   cust_city    char(50)    NULL ,
   cust_state   char(5)     NULL ,
   cust_zip     char(10)    NULL ,
   cust_country char(50)    NULL ,
   cust_contact char(50)    NULL ,
   cust_email   char(255)   NULL ,
   PRIMARY KEY (cust_id)
) ENGINE=InnoDB;
```

分析 从上面的例子可以看到，表名紧跟在 CREATE TABLE 语句后面。实际的表定义（所有列）括在圆括号之中。各列之间用逗号分隔。这张表由 9 列组成。每列的定义以列名（它在表中必须是唯一的）开始，后跟列的数据类型（关于数据类型的解释，请参阅第 1 章。此外，附录 D 列出了 MySQL 支持的数据类型）。表的主键可以在创建表时用 PRIMARY KEY 关键字指定。这里，列 cust_id 被指定作为主键列。整个语句由右圆括号后的分号结束。（现在先忽略 ENGINE=InnoDB 语句和 AUTO_INCREMENT 语句，后面会对它们进行介绍。）

 语句格式化 可以回忆一下，前面讲过，MySQL 语句中忽略空白字符。你既可以在某一长行上输入语句，也可以将其拆分成多行。它们的作用是一样的。这允许你以最适合自己的方式安排 SQL 语句的格式。前面的 CREATE TABLE 语句就是 MySQL 语句格式化的一个很好的例子，它被安排在多行上，其中的列定义进行了恰当的缩进，以便阅读和编辑。以何种缩进格式安排 MySQL 语句没有规定，但我强烈推荐采用某种缩进格式。

 处理现有的表 在创建新表时，指定的表名必须不存在，否则将出错。为了防止意外覆盖已有的表，SQL 要求首先手动删除该表（请参阅接下来的内容），然后再重建它，而不是简单地用创建表的语句覆盖它。

> 如果你仅想在一张表不存在时创建它，那么应该在表名后给出 IF NOT EXISTS。MySQL 不会检查已有表的模式是否与你打算创建的表的模式相匹配。它只是查看表名是否存在，并且仅在表名不存在时创建它。

21.1.2 使用 NULL 值

第 6 章中说过，NULL 值就是没有值或缺值。允许 NULL 值的列也允许在插入行时不给出该列的值。不允许 NULL 值的列不接受该列没有值的行，换句话说，在插入或更新行时，该列必须有值。

一张表中的每一列或者是 NULL 列，或者是 NOT NULL 列，这种状态在创建时由表的定义规定。请看下面的例子：

输入
```
CREATE TABLE orders
(
  order_num  int      NOT NULL AUTO_INCREMENT,
  order_date datetime NOT NULL ,
  cust_id    int      NOT NULL ,
  PRIMARY KEY (order_num)
) ENGINE=InnoDB;
```

分析 这个语句创建的是本书中所用的 orders 表。orders 表包含 3 列，分别是订单号、订单日期和顾客 ID。所有这 3 列都需要值，因此每一列的定义都含有关键字 NOT NULL。这将会阻止插入没有值的列。如果试图插入没有值的列，那么将返回错误，并且插入操作会失败。

下一个例子将创建混合了 NULL 列和 NOT NULL 列的表：

输入
```
CREATE TABLE vendors
(
  vend_id      int NOT  NULL AUTO_INCREMENT,
  vend_name    char(50) NOT NULL ,
  vend_address char(50) NULL ,
  vend_city    char(50) NULL ,
  vend_state   char(5)  NULL ,
  vend_zip     char(10) NULL ,
  vend_country char(50) NULL ,
  PRIMARY KEY (vend_id)
) ENGINE=InnoDB;
```

分析 这个语句创建的是本书中使用的 vendors 表。供应商 ID 列和供应商名称列是必需的，因此这两列会被指定为 NOT NULL。其余 5 列全都允许 NULL 值，所以不指定 NOT NULL。NULL 为默认设置，如果不指定 NOT NULL，则认为指定的是 NULL。

理解 NULL 不要将 NULL 值与空字符串混淆。NULL 值是没有值，它不是空字符串。例如，指定 '' （两个单引号，其间没有字符）在 NOT NULL 列中是允许的。空字符串是一个有效的值，它不是无值。NULL 值用关键字 NULL 而不是空字符串指定。

21.1.3 重温主键

正如前面所述，主键值必须唯一。也就是说，表中的每行必须具有唯一的主键值。如果主键使用一列，则它的值必须唯一；如果主键使用多列，则这些列的组合值必须唯一。

迄今为止我们看到的 CREATE TABLE 语句的例子都是用一列作为主键，其中主键是用类似下面这样的语句定义的：

```
PRIMARY KEY (vend_id)
```

为创建由多列组成的主键，应该以逗号分隔的列表给出各列名，如下所示：

```
CREATE TABLE orderitems
(
  order_num   int          NOT NULL ,
  order_item  int          NOT NULL ,
  prod_id     char(10)     NOT NULL ,
  quantity    int          NOT NULL ,
  item_price  decimal(8,2) NOT NULL ,
  PRIMARY KEY (order_num, order_item)
) ENGINE=InnoDB;
```

orderitems 表包含 orders 表中每笔订单的细节。每笔订单有多项物品，但每笔订单任何时候都只有一个第一项物品，一个第二项物品，等等。因此，订单号（order_num 列）和订单物品（order_item 列）

的组合是唯一的，从而适合作为主键，其定义如下所示：

```
PRIMARY KEY (order_num, order_item)
```

主键可以在创建表时定义（如这里所示），或者在创建表之后定义（本章稍后会讨论）。

 主键和 NULL 值 第 1 章介绍过，主键是指能够唯一标识表中每一行的列。主键中只能使用不允许 NULL 值的列。允许 NULL 值的列不能作为唯一标识。

21.1.4　使用 AUTO_INCREMENT

让我们再次考察 customers 表和 orders 表。customers 表中的顾客由 cust_id 列唯一标识，每个顾客有一个唯一编号。类似地，orders 表中的每笔订单有一个唯一的订单号，这个订单号存储在 order_num 列中。除了是唯一的，这些编号没有任何特殊意义。在增加一个新顾客或新订单时，需要一个新的顾客 ID 或订单号。这些编号可以任意，只要它们是唯一的即可。

显然，最简单的编号是下一个编号——大于当前最大编号的编号。如果 cust_id 的最大编号为 10005，则插入表中的下一个顾客可以具有等于 10006 的 cust_id。

简单吗？不见得。怎样确定下一个要使用的值？当然，可以使用 SELECT 语句得出最大的数值（使用第 12 章中介绍的 Max() 函数），然后对它加 1。但这样做并不可靠，因为你需要找出一种办法来保证，在执行 SELECT 语句和 INSERT 语句期间没有其他人插入行。对多用户应用程序来说，这种情况是很有可能出现的，而且效率也不高（执行额外的 MySQL 操作肯定不是理想的办法）。

这就是 AUTO_INCREMENT 发挥作用的时候了。请看以下代码行（用来创建 customers 表的 CREATE TABLE 语句的组成部分）：

```
cust_id      int       NOT NULL AUTO_INCREMENT
```

AUTO_INCREMENT 告诉 MySQL，每当增加一行时，该列将自动递增。

每次执行 INSERT 操作时，MySQL 都自动递增该列（从而才有这个关键字 AUTO_INCREMENT），给该列赋予下一个可用的值。这样，每行都会被分配一个唯一的 cust_id，然后将其用作主键值。

每张表只允许一列 AUTO_INCREMENT，而且它必须被索引（比如通过使其成为主键）。

覆盖 AUTO_INCREMENT 如果一列被指定为 AUTO_INCREMENT，那么它需要使用特殊的值吗？你可以简单地在 INSERT 语句中指定一个值，只要它是唯一的（至今尚未使用过）即可，该值将被用来替代自动生成的值。随后的递增操作将从手动插入的值开始计数。（相关的例子请参阅附录 B 中使用的表填充脚本。）

确定 AUTO_INCREMENT 值 让 MySQL 通过自动递增生成主键的一个缺点是你不知道这些值都是什么。

考虑这样一个场景：你正在添加一笔新订单。这需要在 orders 表中创建一行，然后在 orderitems 表中对订购的每项物品创建一行。order_num 在 orderitems 表中与订单详情一起存储。这就是 orders 表和 orderitems 表为相互关联的表的原因。这显然要求你在插入 orders 行之后但在插入 orderitems 行之前知道生成的 order_num。

那么，如何在使用 AUTO_INCREMENT 列时获得这个值呢？可以使用 last_insert_id()函数，如下所示：

```
SELECT last_insert_id();
```

此语句可以返回最后一个 AUTO_INCREMENT 值，然后可以将该值用于后续的 MySQL 语句。

21.1.5 指定默认值

如果在插入行时没有给出值，那么 MySQL 将允许指定此时使用的默认值。默认值用 CREATE TABLE 语句的列定义中的 DEFAULT 关键字指定。

请看下面的例子：

输入

```
CREATE TABLE orderitems
(
  order_num  int          NOT NULL ,
  order_item int          NOT NULL ,
  prod_id    char(10)     NOT NULL ,
  quantity   int          NOT NULL DEFAULT 1,
  item_price decimal(8,2) NOT NULL ,
  PRIMARY KEY (order_num, order_item)
) ENGINE=InnoDB;
```

分析 这个语句创建的是包含构成订单的各项物品的 orderitems 表（订单本身存储在 orders 表中）。quantity 列包含订单中每项物品的数量。在此例子中，给该列的描述添加文本 DEFAULT 1 将指示 MySQL 在未给出数量的情况下使用数量 1。

 不允许函数 与大多数 DBMS 不一样，MySQL 不允许使用函数作为 DEFAULT 值，它只支持常量。①

 使用 DEFAULT 值而不是 NULL 值 许多数据库开发人员使用 DEFAULT 值而不是 NULL 值，特别是对用于计算或数据分组的列更是如此。

21.1.6 引擎类型

你可能已经注意到，迄今为止我们使用的 CREATE TABLE 语句全都以 ENGINE=InnoDB 语句结束。

与其他 DBMS 一样，MySQL 有一个具体管理和处理数据的内部引擎。在你使用 CREATE TABLE 语句时，该引擎被用来实际创建表，而在你使用 SELECT 语句或进行其他数据库处理时，该引擎在内部处理你的请求。大多数时候，该引擎隐藏在 DBMS 内，你并不需要过多关注它。

但与其他 DBMS 不同，MySQL 并非只有一个引擎。相反，它附带了几种引擎，这些引擎都内置在 MySQL 服务器中，并且都能执行 CREATE

---

① 从 MySQL 8.0.13 开始，MySQL 允许将内置函数作为 DEFAULT 值。——编者注

TABLE、SELECT 等命令。

为什么要提供多种引擎呢？因为它们具有各自不同的功能和特性，为不同的任务选择正确的引擎能获得良好的功能和灵活性。

当然，你完全可以忽略这些数据库引擎。如果省略 ENGINE= 语句，则使用默认引擎（很可能是 MyISAM①），大多数 SQL 语句会默认使用它。但并不是所有语句都默认使用它，这就是 ENGINE= 语句很重要的原因（也就是本书的样列表中使用两种引擎的原因）。

以下是几个需要知道的引擎：

❑ InnoDB 是一个可靠的事务处理引擎（参见第 26 章）；
❑ MEMORY 在功能上等同于 MyISAM，但由于数据存储在内存（不是磁盘）中，因此其速度很快（特别适合于临时表）；
❑ MyISAM 是一个性能极高的引擎，它支持全文搜索（参见第 18 章），但不支持事务处理。

 更多知识 有关支持的引擎的完整列表，请参阅 MySQL 官方文档。

引擎类型可以混用。除 productnotes 表使用 MyISAM 外，本书中的样例表都使用 InnoDB。原因是我既希望支持事务处理，也希望在 productnotes 表中支持全文搜索。

 外键不能跨引擎 混用引擎类型有一个大缺陷。外键（用于强制实施引用完整性，如第 1 章所述）不能跨引擎，也就是说，使用一种引擎的表的外键不能引用使用不同引擎的表。

那么，应该使用哪个引擎？这有赖于你需要什么样的特性。MyISAM 由于其性能和特性可能是最受欢迎的引擎，但如果你需要可靠的事务处理，则可以使用其他引擎。②

---

① 从 MySQL 5.5 开始，MySQL 默认的存储引擎是 InnoDB，线上不建议使用 MyISAM。
　　　　　　　　　　　　　　　　　　　　　　　　　　　　　　　——编者注
② 事实上，不管在什么场景中，都建议使用 InnoDB 引擎。——编者注

21.2 变更表

为了变更表定义，可以使用 ALTER TABLE 语句。但是，理想状态下，当表中存储数据以后，该表就不应该再被变更。在表设计过程中，你应该花足够的时间预测未来的需求，以便以后不进行大规模的更改。

为了使用 ALTER TABLE 语句更改表结构，必须给出以下信息：

❑ 在 ALTER TABLE 之后给出要更改的表名（该表必须存在，否则将出错）；

❑ 要做更改的列表。

下面的例子演示了给表新增一列：

```
ALTER TABLE vendors
ADD vend_phone CHAR(20);
```

分析 这个语句给 vendors 表增加的是名为 vend_phone 的列，必须明确其数据类型。

如果想删除刚刚添加的列，可以这样做：

```
ALTER TABLE vendors
DROP COLUMN vend_phone;
```

ALTER TABLE 语句的一种常见用途是定义外键。下面是用来定义本书中的表所用的外键的代码：

```
ALTER TABLE orderitems
ADD CONSTRAINT fk_orderitems_orders
FOREIGN KEY (order_num) REFERENCES orders (order_num);

ALTER TABLE orderitems
ADD CONSTRAINT fk_orderitems_products FOREIGN KEY (prod_id) REFERENCES
    products(prod_id);

ALTER TABLE orders
ADD CONSTRAINT fk_orders_customers FOREIGN KEY (cust_id) REFERENCES
    customers(cust_id);

ALTER TABLE products
ADD CONSTRAINT fk_products_vendors
FOREIGN KEY (vend_id) REFERENCES vendors (vend_id);
```

这里，由于要更改 4 张不同的表，因此使用了 4 个 ALTER TABLE 语句。为了对单张表进行多个更改，可以使用单个 ALTER TABLE 语句，每个更改用逗号分隔。

复杂的表结构变更通常需要手动处理，它涉及以下步骤：

- ❏ 用新的列布局创建一张新表；
- ❏ 使用 INSERT SELECT 语句（关于该语句的详细介绍，请参阅第 19 章）将旧表的数据复制到新表，如果有必要，可以使用转换函数和计算字段；
- ❏ 验证新表中包含所需的数据；
- ❏ 重命名旧表（如果确定，可以删除它）；
- ❏ 将新表重命名为之前旧表使用的名称；
- ❏ 根据需要，重新创建触发器、存储过程、索引和外键。

 小心使用 ALTER TABLE 语句　使用 ALTER TABLE 语句要极为小心，应该在进行变更前做一个完整的备份（模式和数据的备份）。数据库表的变更不能撤销，如果增加了不需要的列，那么可能无法再将其删除。类似地，如果删除了不应该删除的列，则可能会丢失该列中的所有数据。

21.3　删除表

删除表（删除整张表而不是其内容）非常简单，使用 DROP TABLE 语句即可：

输入
```
DROP TABLE customers2;
```

分析
这个语句删除的是 customers2 表（假设它存在）。删除表没有确认，也不能撤销，执行这个语句将永久删除该表。

21.4　重命名表

使用 RENAME TABLE 语句可以重命名一张表：

| 输入 | `RENAME TABLE customers2 TO customers;` |

分析　RENAME TABLE 语句所做的仅是重命名一张表。可以使用下面的语句对多张表重命名。

```
RENAME TABLE backup_customers TO customers,
             backup_vendors TO vendors,
             backup_products TO products;
```

21.5　小结

本章介绍了几个新的 SQL 语句。CREATE TABLE 语句用于创建新表，ALTER TABLE 语句用于变更表列（或其他诸如约束或索引等对象），而 DROP TABLE 语句用于完整地删除一张表。这些语句必须小心使用，并且应在做了备份后使用。本章还介绍了数据库引擎、定义主键和外键，以及其他重要的表和列选项。

21.6　挑战题

(1) 在 vendors 表中添加名为 vend_web 的网站列。你需要一个足够大的文本字段来容纳 URL。

(2) 使用 UPDATE 语句更新 vendors 表记录，以便加入网站（你可以编造任何地址）。

第 22 章

使用视图

本章将介绍视图究竟是什么、它们怎样工作以及何时使用它们。另外，你还将看到如何利用视图简化前面章节中执行的某些 SQL 操作。

22.1 视图

 需要 MySQL 5 及以上版本　MySQL 5 添加了对视图的支持。因此，本章内容适用于 MySQL 5 及以上版本。

视图是虚拟的表。与包含数据的表不一样，视图只包含使用时动态检索数据的查询。

为了更好地理解视图，我们来看一个例子。第 15 章中用下面的 SELECT 语句从 3 张表中检索数据：

```
SELECT cust_name, cust_contact
FROM customers, orders, orderitems
WHERE customers.cust_id = orders.cust_id
  AND orderitems.order_num = orders.order_num
  AND prod_id = 'TNT2';
```

此查询用来检索订购了某个特定产品的顾客。任何需要这个数据的人都必须理解相关表的结构，并且知道如何创建查询和对表进行连接。为了检索其他产品（或多个产品）的相同数据，需要将所有表连接起来，并且必须修改最后的 WHERE 子句。

现在，假如可以把整个查询包装成一张名为 productcustomers 的虚拟表，那么使用以下方法即可轻松地检索出相同的数据：

```
SELECT cust_name, cust_contact
FROM productcustomers
WHERE prod_id = 'TNT2';
```

这就是视图的作用。`productcustomers` 是一个视图，作为视图，它不包含任何实际的列或数据，就像表那样。相反，它包含一个 SQL 查询——与之前用来连接表的查询相同。

22.1.1 为什么使用视图

刚刚你已经看到了视图的一个用途。下面是视图的一些常见用途。

❑ 重用 SQL 语句。
❑ 简化复杂的 SQL 操作。在编写查询后，可以方便地重用它而不必知道它的基本查询细节。
❑ 使用表的组成部分而不是整张表。
❑ 保护数据。可以给用户授予对表的特定部分而不是对整张表的访问权限。
❑ 更改数据格式和表示。视图可以返回与底层表的表示和格式不同的数据。

大多数情况下，在创建视图之后，可以像使用表一样使用它们。你可以执行 SELECT 操作、过滤和排序数据、将视图连接到其他视图或表，甚至是添加和更新数据。（添加和更新数据存在某些限制。关于此内容稍后还会做进一步的介绍。）

重要的是要知道，视图仅仅是用来查看存储在别处的数据的一种设施。视图本身不包含数据，因此它们返回的数据是从其他表中检索出来的。在添加或更改这些表中的数据时，视图将返回改变过的数据。

 性能问题　因为视图不包含数据，所以每次使用视图时，都必须处理查询执行时所需的每一个检索。如果你用多个连接和过滤创建了复杂的视图或者嵌套了视图，则可能会发现性能下降得很厉害。因此，在部署使用了大量视图的应用程序前应该进行测试。

22.1.2 视图的规则和限制

下面是关于视图创建和使用的一些最常见的规则和限制。

❑ 与表一样，视图名称必须唯一（不能给视图取与别的视图或表相同的名字）。

❑ 对于可以创建的视图数量没有限制。

❑ 为了创建视图，操作者必须具有足够的访问权限。这些限制通常由数据库管理人员授予。

❑ 视图可以嵌套，即可以利用从其他视图中检索数据的查询来构造一个视图。

❑ ORDER BY 可以用在视图中，但如果从该视图检索数据的 SELECT 语句中也含有 ORDER BY，那么该视图中的 ORDER BY 将被覆盖。

❑ 视图不能被索引，也不能有与之关联的触发器或默认值。

❑ 视图可以和表一起使用。例如，编写一个连接表和视图的 SELECT 语句。

22.2　视图的使用和更新

在理解了什么是视图以及管理它们的规则和约束后，我们来看一下视图的使用和更新。

❑ 视图用 CREATE VIEW 语句来创建。

❑ 使用 SHOW CREATE VIEW *viewname*;来查看创建视图的语句。

❑ 用 DROP 语句删除视图，其语法为 DROP VIEW *viewname*;。

❑ 更新视图时，可以先用 DROP 语句再用 CREATE 语句，也可以直接用 CREATE OR REPLACE VIEW。CREATE OR REPLACE VIEW 会在视图不存在时创建它，并在视图存在时替换它。

22.2.1　利用视图简化复杂的连接

视图最常见的使用场景之一是隐藏复杂的 SQL，这通常会涉及连接。请看下面的例子：

```
CREATE VIEW productcustomers AS
SELECT cust_name, cust_contact, prod_id
FROM customers, orders, orderitems
WHERE customers.cust_id = orders.cust_id
  AND orderitems.order_num = orders.order_num;
```

<p>**分析** 这个语句创建的是一个名为 productcustomers 的视图，它连接 3 张表，以返回已订购了任意产品的所有顾客的列表。如果执行 SELECT * FROM productcustomers，则会列出订购了任意产品的顾客。</p>

要检索订购了产品 TNT2 的顾客，可以使用如下方法：

输入
```
SELECT cust_name, cust_contact
FROM productcustomers
WHERE prod_id = 'TNT2';
```

输出
```
+-----------------+-----------------+
| cust_name       | cust_contact    |
+-----------------+-----------------+
| Coyote Inc.     | Y Lee           |
| Yosemite Place  | Y Sam           |
+-----------------+-----------------+
```

分析 这个语句通过 WHERE 子句从视图中检索特定数据。在 MySQL 处理此查询时，它将指定的 WHERE 子句添加到视图查询中的已有 WHERE 子句中，以便正确过滤数据。

可以看出，视图极大地简化了复杂的 SQL 语句的使用。利用视图，可以一次性编写基础的 SQL，然后根据需要重复使用。

 创建可重用的视图 创建不与特定数据绑定的视图是一个好主意。例如，上面创建的视图返回的是订购所有产品的顾客而不仅仅是订购 TNT2 的顾客。扩展视图的范围不仅使其能够被重用，而且使其变得更加有用。这样做不需要创建和维护多个类似视图。

22.2.2 用视图重新格式化检索出的数据

如上所述，视图的另一个常见用途是重新格式化检索出的数据。下面的 SELECT 语句（来自第 10 章）在单个组合计算列中会返回供应商名称和位置：

输入
```
SELECT Concat(RTrim(vend_name),
              ' (', RTrim(vend_country), ')')
       AS vend_title
FROM vendors
ORDER BY vend_name;
```

输出
```
+-----------------------+
| vend_title            |
+-----------------------+
| ACME (USA)            |
| Anvils R Us (USA)     |
| Furball Inc. (USA)    |
| Jet Set (England)     |
| Jouets Et Ours (France) |
| LT Supplies (USA)     |
+-----------------------+
```

现在，假如你经常需要这个格式的结果。不必在每次需要时执行连接，创建一个视图，每次需要时使用它即可。为了把此语句转换为视图，可以使用如下方法：

输入
```
CREATE VIEW vendorlocations AS
SELECT Concat(RTrim(vend_name),
       ' (', RTrim(vend_country), ')')
       AS vend_title
FROM vendors
ORDER BY vend_name;
```

分析   这个语句使用与前一个 SELECT 语句完全相同的查询创建视图。为了检索出用于创建所有邮件标签的数据，可以使用如下方法。

输入
```
SELECT *
FROM vendorlocations;
```

输出
```
+-----------------------+
| vend_title            |
+-----------------------+
| ACME (USA)            |
| Anvils R Us (USA)     |
| Furball Inc. (USA)    |
| Jet Set (England)     |
| Jouets Et Ours (France) |
| LT Supplies (USA)     |
+-----------------------+
```

22.2.3　用视图过滤不想要的数据

视图对于应用普通的 WHERE 子句也很有用。例如，你可能想要定义一个 customeremaillist 视图，以便过滤没有电子邮件地址的顾客。

要执行此操作，可以使用如下语句：

输入
```
CREATE VIEW customeremaillist AS
SELECT cust_id, cust_name, cust_email
FROM customers
WHERE cust_email IS NOT NULL;
```

分析　　显然，在将电子邮件发送到邮件列表时，需要排除没有电子邮件地址的用户。这里的 WHERE 子句过滤掉了 cust_email 列中具有 NULL 值的那些行，以便它们不会被检索出来。

现在，可以像使用其他表一样使用视图 customeremaillist 进行数据检索。可以考虑以下示例。

输入
```
SELECT *
FROM customeremaillist;
```

输出
```
+---------+----------------+------------------------+
| cust_id | cust_name      | cust_email             |
+---------+----------------+------------------------+
|   10001 | Coyote Inc.    | ylee@turingbook.com    |
|   10003 | Wascals        | rabbit@turingbook.com  |
|   10004 | Yosemite Place | sam@turingbook.com     |
+---------+----------------+------------------------+
```

 WHERE 子句　　如果从视图检索数据时使用了一个 WHERE 子句，则两组子句（一组在视图中，另一组是传递给视图的）将自动组合。

22.2.4　使用视图与计算字段

视图对于简化计算字段的使用特别有用。下面是第 10 章中介绍的一个 SELECT 语句。它会检索某个特定订单中的物品，并计算每件物品的总价：

输入
```
SELECT prod_id,
       quantity,
       item_price,
       quantity*item_price AS expanded_price
FROM orderitems
WHERE order_num = 20005;
```

输出
```
+---------+----------+------------+----------------+
| prod_id | quantity | item_price | expanded_price |
+---------+----------+------------+----------------+
| ANV01   |       10 | 5.99       | 59.90          |
| ANV02   |        3 | 9.99       | 29.97          |
| TNT2    |        5 | 10.00      | 50.00          |
| FB      |        1 | 10.00      | 10.00          |
+---------+----------+------------+----------------+
```

要将其转换为一个视图，可以使用如下方法：

输入
```
CREATE VIEW orderitemsexpanded AS
SELECT order_num,
       prod_id, quantity,
       item_price,
       quantity*item_price AS expanded_price
FROM orderitems;
```

要检索订单 20005 的详细内容（上面的输出），可以使用如下方法：

输入
```
SELECT *
FROM orderitemsexpanded
WHERE order_num = 20005;
```

输出
```
+-----------+---------+----------+------------+----------------+
| order_num | prod_id | quantity | item_price | expanded_price |
+-----------+---------+----------+------------+----------------+
|     20005 | ANV01   |       10 | 5.99       | 59.90          |
|     20005 | ANV02   |        3 | 9.99       | 29.97          |
|     20005 | TNT2    |        5 | 10.00      | 50.00          |
|     20005 | FB      |        1 | 10.00      | 10.00          |
+-----------+---------+----------+------------+----------------+
```

正如你所看到的，视图非常容易创建，而且更容易使用。如果使用
得当，那么视图可以极大地简化复杂的数据处理。

22.2.5 更新视图

迄今为止的所有视图都是和 SELECT 语句一起使用的。然而，视图的数据能否更新？答案是视情况而定。

通常来说，视图是可更新的（也就是说，可以对它们使用 INSERT 语句、UPDATE 语句和 DELETE 语句）。更新一个视图将更新其基表（可以回忆一下，视图本身没有数据）。如果你对视图增加或删除行，那么实际上是对其基表增加或删除行。

但是，并非所有视图都是可更新的。基本上可以说，如果 MySQL 不能正确地确定要更新的基础数据，则不允许更新（包括插入和删除）。这实际上意味着，如果视图定义中有以下操作，则不能进行视图的更新：

❑ 分组（使用 GROUP BY 和 HAVING）；
❑ 连接；
❑ 子查询；
❑ UNION；
❑ 聚合函数（Min()、Count()、Sum()等）；
❑ DISTINCT；
❑ 派生（计算）列。

换句话说，本章许多例子中的视图是不可更新的。这听上去好像是一个严重的限制，但实际上不是，因为视图主要用于数据检索。

 将视图用于检索 通常来说，应该将视图用于数据检索（SELECT 语句）而不用于更新（INSERT 语句、UPDATE 语句和 DELETE 语句）。

22.3 小结

视图是虚拟的表。它们不包含数据，而是包含检索数据的查询。视图提供了对 MySQL 的 SELECT 语句的封装，可用于简化数据操作以及重新格式化或保护底层数据。

22.4 挑战题

(1) 创建一个名为 vendorproducts 的视图,将 vendors 表和 products 表连接起来。使用 SELECT 语句确保你拥有正确的数据。

(2) 创建一个名为 customerswithorders 的视图,其中包含 customers 表中的所有列,但仅仅是那些已下订单的列。提示:可以在 orders 表中使用 JOIN 来仅仅过滤所需的顾客。然后使用 SELECT 语句确保拥有正确的数据。

使用存储过程

本章将介绍什么是存储过程、为什么要使用存储过程以及如何使用存储过程，并且会介绍创建和使用存储过程的基本语法。

23.1 存储过程

 需要 MySQL 5 MySQL 5 添加了对存储过程的支持，因此，本章内容适用于 MySQL 5 及以上版本。

迄今为止我们使用的大多数 SQL 语句是针对一张或多张表的单个语句。并非所有操作都这么简单，经常会有一个完整的操作需要多个语句才能完成。例如，考虑以下情形。

- ❑ 为了处理订单，需要核对以保证库存中有相应的物品。
- ❑ 如果物品有库存，那么这些物品需要预订以便不会再卖给别人，并且要减少可用的物品数量以反映正确的库存量。
- ❑ 如果某些物品没有库存，则需要与供应商进行交互，进行订购。
- ❑ 需要通知顾客哪些物品有库存（可以立即发货），哪些物品是缺货状态。

这显然不是一个完整的例子，它甚至超出了本书中所用样例表的范围，但足以帮助表达我们的意思了。执行这个处理需要针对许多表的多个 MySQL 语句。此外，需要执行的具体语句及其次序并不是固定的，它们可以（也会）根据哪些物品有库存以及哪些没有库存而变化。

那么，怎样编写此代码？可以单独编写每个语句，并根据结果有条件地执行另外的语句。在每次需要这个处理时（以及每个需要它的应用程序中）都必须做这些工作。

或者你可以创建一个存储过程。存储过程简单来说就是为以后的使用而保存的一个或多个 MySQL 语句的集合。可以将存储过程视为批文件，虽然它们的作用不仅限于批处理。

23.2 为什么要使用存储过程

既然知道了什么是存储过程，那为什么要使用它们呢？有许多理由，下面列出了一些主要的理由。

- 通过把流程封装在容易使用的单元中，可以简化复杂的操作（正如前面例子所述）。
- 由于不要求反复建立一系列处理步骤，因此这保证了数据的完整性。如果所有开发人员和应用程序都使用相同的（经过试验和测试的）存储过程，则所有人都将使用相同的代码。

  这一点的延伸就是防止错误。需要执行的步骤越多，出错的可能性就越大。防止错误保证了数据的一致性。
- 简化对变动的管理。如果表名、列名或业务逻辑（或别的内容）有变化，那么只需更改存储过程的代码即可。使用它的人员甚至不需要知道这些变化。

  这一点的延伸就是安全性。通过存储过程限制对基础数据的访问减少了数据损坏（无意识的或别的原因所导致的数据损坏）的机会。
- 提高性能，因为使用存储过程比使用单独的 SQL 语句的执行速度要快。
- 有些 MySQL 语言元素和功能仅在单个请求中可用，存储过程可以使用它们来编写功能更强且更灵活的代码（在第 24 章的例子中可以看到。）

换句话说，使用存储过程有 3 个主要的好处：简单、安全和高性能。显然，它们都很重要。不过，在将 SQL 代码转换为存储过程前，也必须知道它的一些缺陷。

- 一般来说，存储过程的编写比基本 SQL 语句复杂，编写存储过程需要更高的技能和更丰富的经验。

❑ 你可能没有创建存储过程的安全访问权限。许多数据库管理员限制存储过程的创建权限，允许用户使用存储过程，但不允许他们创建存储过程。

尽管有这些缺陷，存储过程还是非常有用的，并且应该尽可能地使用。

 不能编写存储过程？你依然可以使用 MySQL 将编写存储过程的安全和访问与执行存储过程的安全和访问区分开来。这是好事。即使你不能（或不想）编写自己的存储过程，也可以在适当的时候执行别的存储过程。

23.3 如何使用存储过程

使用存储过程需要知道如何执行（运行）它们。存储过程的执行频率远高于其编写频率，因此，我们将从执行存储过程开始介绍。然后再介绍创建和使用存储过程。

23.3.1 执行存储过程

MySQL 称存储过程的执行为**调用**，因此 MySQL 执行存储过程的语句为 CALL。CALL 后面跟着存储过程的名字以及需要传递给它的任意参数。请看以下例子：

输入
```
CALL productpricing(@pricelow,
                    @pricehigh,
                    @priceaverage);
```

分析 执行名为 `productpricing` 的存储过程可以计算并返回产品的最低价格、最高价格和平均价格。（你现在还不能运行这个例子，请继续关注。）

存储过程既可以显示结果，也可以不显示结果，稍后会介绍。

23.3.2 创建存储过程

正如前面所述，编写存储过程并不是一件简单的事情。为了让你了解这个过程，请看一个例子——一个返回产品平均价格的存储过程，其代码如下所示：

输入

```
DELIMITER //

CREATE PROCEDURE productpricing()
BEGIN
   SELECT Avg(prod_price) AS priceaverage
   FROM products;
END//

DELIMITER ;
```

分析 稍后我们再介绍第一个语句和最后一个语句。此存储过程名为
productpricing，用 CREATE PROCEDURE productpricing()
语句定义。如果存储过程接受参数，那么它们将在()中被列举出来。此
存储过程没有参数，但其后所跟的()仍是必需的。BEGIN 语句和 END 语
句用来限定存储过程体，过程体本身仅是一个简单的 SELECT 语句（使用
第 12 章中介绍的 Avg()函数）。

当 MySQL 处理这段代码时，它会创建一个名为 productpricing
的新存储过程。因为这段代码并未调用存储过程，只是为以后使用而创
建了它，所以没有返回任何数据。

23.3.3 DELIMITER 挑战

回到你刚刚看到的例子中的第 1 行和最后一行。正如你反复看到的，
MySQL 依赖于;字符来终止 SQL 语句。;字符被称为**分隔符**，因为它在
SQL 语句之间进行了分隔（定义了边界）。这在我们的语句中造成了问题。
来看一下这段代码：

```
CREATE PROCEDURE productpricing()
BEGIN
   SELECT Avg(prod_price) AS priceaverage
   FROM products;
END;
```

结尾的 END;终止了 CREATE 语句。但仔细看，你会发现在 products
后面还有另外一个;，在结尾的 END 之前这个;过早地终止了语句。

解决方案是临时更改命令行工具分隔符，如下所示：

```
DELIMITER //
```

DELIMITER //指示 MySQL 使用//替代;作为新的语句结束分隔符。事实上，标志存储过程结束的 END 会被定义为 END //而不是预期的 END;。这样，存储过程体内的;仍然保持原样，并且会正确地传递给数据库引擎。然后，事情恢复到最初的状态，如下所示。

```
DELIMITER ;
```

 不一定是; 除了\，任何字符都可以用作分隔符，只需确保使用的字符在 SQL 中没有特殊含义即可。

那么，如何使用这个存储过程？如下所示：

输入 CALL productpricing();

输出
```
+--------------+
| priceaverage |
+--------------+
|    16.133571 |
+--------------+
```

分析 CALL productpricing();执行刚创建的存储过程并显示返回的结果。因为存储过程实际上是一种函数，所以存储过程名后需要有()符号（即使不传递参数也是如此）。

23.3.4　删除存储过程

存储过程在创建之后会被保存在服务器中以供使用，直至被删除。DROP 命令（类似于第 21 章中介绍的 DROP 语句）可以从服务器中删除存储过程。

要删除刚刚创建的存储过程，可以使用以下语句：

输入 DROP PROCEDURE productpricing;

分析 这个语句用于删除刚刚创建的存储过程。请注意存储过程名后没有()。

仅当存在时删除   如果指定的存储过程不存在，则 DROP PROCEDURE 将产生一个错误。如果想在存储过程存在时删除它（如果不存在也不抛出错误），可以使用 DROP PROCEDURE IF EXISTS。

23.3.5   使用参数

productpricing 只是一个简单的存储过程，它简单地显示了 SELECT 语句的结果。通常来说，存储过程并不显示结果，而是把结果返回给你指定的变量。

 变量（variable）   内存中一个特定的位置，用来临时存储数据。

以下是 productpricing 的修改版本（注意：如果不先删除此存储过程，则不能再次创建它）：

输入

```
DELIMITER //

CREATE PROCEDURE productpricing(
    OUT pl DECIMAL(8,2),
    OUT ph DECIMAL(8,2),
    OUT pa DECIMAL(8,2)
)
BEGIN
    SELECT Min(prod_price)
    INTO pl
    FROM products;
    SELECT Max(prod_price)
    INTO ph
    FROM products;
    SELECT Avg(prod_price)
    INTO pa
    FROM products;
END//
DELIMITER ;
```

分析   此存储过程接受 3 个参数：pl 存储产品最低价格，ph 存储产品最高价格，pa 存储产品平均价格。每个参数必须指定其类型，这里使用的是 DECIMAL 值。关键字 OUT 用来指定这些参数从存储过程传出一个值（返回给调用者）。

MySQL 支持 IN（传递给存储过程）、OUT（从存储过程传出，如这里所示）和 INOUT（对存储过程传入和传出）类型的参数。存储过程的代码位于 BEGIN 语句和 END 语句内，如前所述，它们是一系列 SELECT 语句，用来检索值，然后保存到相应的变量中（通过指定 INTO 关键字）。

> **参数的数据类型** 存储过程的参数允许的数据类型与表中使用的数据类型相同。附录 D 列出了这些类型。
>
> 注意，记录集不是允许的类型，因此，不能通过一个参数返回多行和多列。这就是前面的例子要使用 3 个参数（以及 3 个 SELECT 语句）的原因。

要调用这个修改过的存储过程，必须指定 3 个变量名，如下所示：

输入
```
CALL productpricing(@pricelow,
                    @pricehigh,
                    @priceaverage);
```

分析 由于此存储过程需要 3 个参数，因此必须恰好传递 3 个参数，不多也不少。所以，这个 CALL 语句给出了 3 个参数。它们是存储过程将结果存储在其中的 3 个变量的名字。

> **变量名** 所有 MySQL 变量都必须以@开始。

在调用时，这个语句并不显示任何数据。相反，它会返回以后可以显示（或在其他处理中使用）的变量。

要显示检索出的产品平均价格，可以使用如下方法：

输入
```
SELECT @priceaverage;
```

输出
```
+---------------+
| @priceaverage |
+---------------+
| 16.133571428  |
+---------------+
```

要获得 3 个值，可以使用以下语句：

输入
```
SELECT @pricehigh, @pricelow, @priceaverage;
```

| 输出 |

```
+-----------+----------+---------------+
| @pricehigh | @pricelow | @priceaverage |
+-----------+----------+---------------+
| 55.00     | 2.50     | 16.133571428  |
+-----------+----------+---------------+
```

下面是另外一个例子，这次使用了 IN 参数和 OUT 参数。ordertotal
接受订单号并可以返回该订单的总金额：

| 输入 |

```
DELIMITER //

CREATE PROCEDURE ordertotal(
    IN onumber INT,
    OUT ototal DECIMAL(8,2)
)
BEGIN
    SELECT Sum(item_price*quantity)
    FROM orderitems
    WHERE order_num = onumber
    INTO ototal;
END //

DELIMITER ;
```

| 分析 | onumber 被定义为 IN，因为订单号被传到了存储过程中。ototal
被定义为 OUT，因为要从存储过程返回总金额。SELECT 语句
使用这两个参数，WHERE 子句使用 onumber 选择正确的行，INTO 使用
ototal 存储计算出来的总金额。

要调用这个新存储过程，可以使用以下语句：

| 输入 | `CALL ordertotal(20005, @total);`

| 分析 | 必须给 ordertotal 传递两个参数：第一个参数为订单号，第
二个参数是将包含计算总额的变量的名称。

要显示这个总金额，可以使用如下方法：

| 输入 | `SELECT @total;`

| 输出 |

```
+--------+
| @total |
+--------+
| 149.87 |
+--------+
```

@total 已由 ordertotal 的 CALL 语句填写，SELECT 语句显示的是它包含的值。

要显示另一笔订单的总金额，需要再次调用存储过程，然后重新显示该变量。

输入
```
CALL ordertotal(20009, @total);
SELECT @total;
```

23.3.6 建立智能存储过程

迄今为止我们使用的所有存储过程基本上都封装了 MySQL 中简单的 SELECT 语句。虽然它们全都是有效的存储过程的例子，但它们所能完成的工作你直接用这些被封装的语句就能完成（如果说它们还能带来更多的东西，那就是使事情更复杂）。只有在存储过程内部包含业务规则和智能处理时，它们的威力才会真正显现出来。

考虑这样一个场景。你需要获得与以前一样的订单总金额，但需要针对某些顾客（或许是你所在州中那些顾客）对总金额增加营业税。因此，你需要做下面几件事情：

❑ 获得总金额（与以前一样）；
❑ 把营业税有条件地添加到总金额中；
❑ 返回总金额（带或不带税）。

存储过程的完整工作如下所示：

输入
```
DELIMITER //

-- 名称: ordertotal 表
-- 参数: onumber = 订单号
--       taxable = 如果不用交税就为 0, 如果需要交税则为 1
--       ototal = 订单总金额变量

CREATE PROCEDURE ordertotal(
   IN onumber INT,
   IN taxable BOOLEAN,
   OUT ototal DECIMAL(8,2)
) COMMENT 'Obtain order total, optionally adding tax'
BEGIN
```

```
-- 声明 total 变量
DECLARE total DECIMAL(8,2);
-- 声明税率百分比
DECLARE taxrate INT DEFAULT 6;

-- 获取订单总金额
SELECT Sum(item_price*quantity)
FROM orderitems
WHERE order_num = onumber
INTO total;
-- 需要交税吗？
IF taxable THEN
    -- 是的，所以在总金额中加上税率
    SELECT total+(total/100*taxrate) INTO total;
END IF;

-- 最后，保存到输出变量
SELECT total INTO ototal;

END //

DELIMITER ;
```

分析 此存储过程有很大的变动。首先，增加了注释（前面放置`--`）。在存储过程的复杂性增加时，这样做特别重要。这里添加了另外一个参数 `taxable`，它是一个布尔值（如果要增加税就为真，否则为假）。在存储过程体中，用 DECLARE 语句定义了两个局部变量。DECLARE 语句要求指定变量名和数据类型，它也支持可选的默认值（这个例子中的 `taxrate` 默认被设置为 6%）。SELECT 语句已经改变，因此其结果被存储到 `total`（局部变量）而不是 `ototal` 中。IF 语句检查 `taxable` 是否为真，如果为真，则用另一个 SELECT 语句对局部变量 `total` 增加营业税。最后，用另一个 SELECT 语句将 `total`（它或许增加或许不增加营业税）保存到 `ototal` 中。

 COMMENT 关键字 本例中的存储过程在 CREATE PROCEDURE 语句中包含了一个 COMMENT 值。它不是必需的，但如果给出，则会在 SHOW PROCEDURE STATUS 的结果中显示。

IF 语句 这个例子给出了 MySQL 的 IF 语句的基本用法。IF 语句还支持 ELSEIF 子句(ELSEIF 子句也支持 THEN 子句)和 ELSE 子句。在后面的章节中我们还会介绍 IF 的其他用法(以及其他流控制语句)。

这显然是一个更高级且功能更强大的存储过程。它还展示了存储过程的一个非常重要的用途,即封装与表和数据结构以及相关业务逻辑有关的所有细节。用户可以调用此存储过程来获取所需数据,而无须了解计算工作的所有细节。

现在,让我们使用以下两个语句来测试新的存储过程:

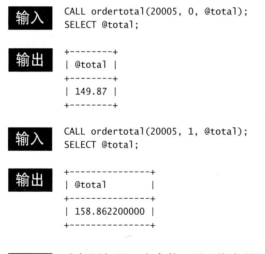

输入
```
CALL ordertotal(20005, 0, @total);
SELECT @total;
```

输出
```
+--------+
| @total |
+--------+
| 149.87 |
+--------+
```

输入
```
CALL ordertotal(20005, 1, @total);
SELECT @total;
```

输出
```
+---------------+
| @total        |
+---------------+
| 158.862200000 |
+---------------+
```

分析 我们添加了一个参数,用于指定是否计算税款。BOOLEAN 值指定为 1 表示真,指定为 0 表示假(实际上,非零值都考虑为真,只有 0 被视为假)。通过给中间的参数指定 0 或 1,可以有条件地将营业税加到订单总金额上。

23.3.7　检查存储过程

要显示用来创建一个存储过程的 CREATE 语句,可以使用 SHOW CREATE PROCEDURE 语句:

输入　SHOW CREATE PROCEDURE ordertotal;

要获得包括何时、由谁创建等详细信息的存储过程列表，可以使用 SHOW PROCEDURE STATUS。

> ✎ **限制过程状态结果**　SHOW PROCEDURE STATUS 列出了所有存
> 储过程。要限制其输出，可以使用 LIKE 指定一个过滤模式，
> 如下所示。
>
> SHOW PROCEDURE STATUS LIKE 'ordertotal';

23.4　小结

本章介绍了什么是存储过程以及为什么要使用存储过程。我们了解了存储过程的执行和创建的语法以及存储过程的一些应用场景。第 24 章在讨论"游标"时将继续这个话题。

23.5　挑战题

(1) 创建一个存储过程，接受一个顾客 ID 并返回该顾客的所有订单。

(2) 不同的地方有不同的税率。ordertotal 存储过程会将税率硬编码为 6%。更新该存储过程，使其接受要使用的税率（如果需要的话）。提示：实际上不需要使用另一个参数，而是可以将 taxable 替换为接受一个税率，0 表示免税（耶！）。

使用游标

本章将介绍什么是游标以及如何使用游标。

24.1 游标

需要 MySQL 5 MySQL 5 添加了对游标的支持，因此，本章
内容适用于 MySQL 5 及以上版本。

由前几章可知，MySQL 检索操作可以返回一组称为**结果集**的行。返回的行是与 SQL 语句匹配的所有行（零行或多行）。使用简单的 SELECT 语句，无法获取第 1 行、下一行或前 10 行。[①]我们也没有办法逐行处理所有数据（相对于成批地处理它们）。

有时，需要在检索出来的行中前进或后退一行或多行。这就是使用游标的原因。游标（cursor）是一个存储在 MySQL 服务器上的数据库查询，它不是一个 SELECT 语句，而是被该语句检索出来的结果集。在存储了游标之后，应用程序可以根据需要滚动或浏览其中的数据。

游标主要用于交互式应用程序，其中用户需要滚动屏幕上的数据，并对数据进行浏览或做出更改。

只能用于存储过程 不像大多数 DBMS，MySQL 游标只能
用于存储过程和函数。

24.2 如何使用游标

使用游标涉及以下几个步骤。

---

① 事实上，要获取第 1 行、下一行或前 10 行，可以使用 LIMIT 子句和 OFFSET 子句。

——编者注

- 在使用游标之前，必须先声明（定义）它。这个过程实际上没有检索数据，只是定义了要使用的 SELECT 语句。
- 一旦声明后，必须打开游标以供使用。这个过程用前面定义的 SELECT 语句把数据实际检索出来。
- 当游标中有数据后，可以根据需要逐行获取数据。
- 在结束对游标的使用时，必须关闭游标。

在声明游标后，可以根据需要频繁地打开和关闭它。在游标打开后，可以根据需要执行获取操作。

24.2.1　创建游标

游标是用 DECLARE 语句（参见第 23 章）创建的。DECLARE 语句用于命名游标，并定义相应的 SELECT 语句，如果需要，还可以带 WHERE 和其他子句。例如，下面的语句定义了一个名为 ordernumbers 的游标，使用了可以检索所有订单的 SELECT 语句：

输入
```
DELIMITER //
CREATE PROCEDURE processorders()
BEGIN
    DECLARE ordernumbers CURSOR
    FOR
    SELECT order_num FROM orders;
END //
DELIMITER ;
```

分析　这个存储过程并没有做很多事情，DECLARE 语句用来定义和命名游标——在本例中为 ordernumbers。存储过程处理完成后，游标就会消失（因为它局限于存储过程）。

 DROP 和 CREATE　正如你在第 23 章中所看到的，要修改存储过程，需要先使用 DROP 语句，然后再使用 CREATE 语句。

在定义游标之后，可以打开它。

24.2.2　打开游标和关闭游标

游标可以用 OPEN CURSOR 语句来打开，如下所示：

输入

```
OPEN ordernumbers;
```

分析

当处理 OPEN 语句时，查询会被执行，同时，检索到的数据会被存储，以便后续浏览和滚动。

游标处理完成后，应该使用 CLOSE 语句关闭游标，如下所示：

输入

```
CLOSE ordernumbers;
```

分析

CLOSE 语句可以释放游标使用的所有内部内存和资源，因此当不再需要时，应该关闭每个游标。

在一个游标关闭后，如果没有重新打开，则不能使用它。但是，使用声明过的游标不需要再次声明，用 OPEN 语句直接打开即可。

 隐式关闭 如果你没有明确关闭游标，那么 MySQL 将在到达 END 语句时自动关闭它。

下面是前面例子的修改版本：

输入

```
DELIMITER //
CREATE PROCEDURE processorders()
BEGIN
    -- 声明游标
    DECLARE ordernumbers CURSOR
    FOR
    SELECT order_num FROM orders;

    -- 打开游标
    OPEN ordernumbers;

    -- 关闭游标
    CLOSE ordernumbers;

END//

DELIMITER ;
```

分析

这个存储过程声明、打开和关闭了一个游标。但对检索出的数据什么都没做。

24.2.3   使用游标数据

在一个游标被打开后，可以使用 FETCH 语句分别访问它的每一行。FETCH 语句可以指定检索什么数据（所需的列），以及检索出来的数据存储在什么地方。它还可以向前移动游标中的内部行指针，使下一个 FETCH 语句检索下一行（不重复读取同一行）。

第一个例子从游标中检索一行（第 1 行）：

输入

```
DELIMITER //

CREATE PROCEDURE processorders()
BEGIN

    -- 声明局部变量
    DECLARE o INT;

    -- 声明游标
    DECLARE ordernumbers CURSOR
    FOR
    SELECT order_num FROM orders;

    -- 打开游标
    OPEN ordernumbers;

    -- 获取订单号
    FETCH ordernumbers INTO o;

    -- 关闭游标
    CLOSE ordernumbers;

END //

DELIMITER ;
```

分析   FETCH 语句用于检索当前行（自动从第 1 行开始）的 order_num 列，并将检索结果存储到一个名为 o 的局部声明的变量中。对检索出的数据不做任何处理。

在下一个例子中，循环检索数据，从第 1 行到最后一行：

输入

```
DELIMITER //

CREATE PROCEDURE processorders()
BEGIN
```

```
    -- 声明局部变量
    DECLARE done BOOLEAN DEFAULT 0;
    DECLARE o INT;

    -- 声明游标
    DECLARE ordernumbers CURSOR
    FOR
    SELECT order_num FROM orders;

    -- 声明继续处理程序
    DECLARE CONTINUE HANDLER FOR SQLSTATE '02000' SET done=1;

    -- 打开游标
    OPEN ordernumbers;

    -- 遍历所有行
    REPEAT

        -- 获取订单号
        FETCH ordernumbers INTO o;

    -- 循环结束
    UNTIL done END REPEAT;

    -- 关闭游标
    CLOSE ordernumbers;

END //

DELIMITER ;
```

分析　与前一个例子一样，这个例子使用 FETCH 语句检索当前行的 order_num 列，并将检索结果存储到名为 o 的局部声明的变量中。不同之处在于，这个例子中的 FETCH 是在 REPEAT 内，因此它会反复执行直到 done 为真（由 UNTIL done END REPEAT;规定）为止。为了使这个工作正常，变量 done 被定义为 DEFAULT 0（假，不结束）。那么，done 是如何在结束时被设置为真呢？答案是下面的这个语句：

```
DECLARE CONTINUE HANDLER FOR SQLSTATE '02000' SET done=1;
```

这个语句定义了一个 CONTINUE HANDLER，当特定条件发生时将执行其中的代码。这里，它指出当 SQLSTATE '02000'出现时，SET done=1。SQLSTATE '02000'表示的是**未找到**条件，当 REPEAT 由于没有更多的行供循环而不能继续时，就会出现这个条件。

 DECLARE 语句的次序   DECLARE 语句的发布存在特定的次序。用 DECLARE 语句定义的局部变量必须在定义任意游标或句柄之前定义，而句柄必须在游标之后定义。不遵守此顺序将产生错误消息。

如果调用这个存储过程，那么它将定义几个变量和一个 CONTINUE HANDLER，定义并打开一个游标，重复读取所有行，然后再关闭游标。

如果一切正常，你可以在循环内部放入任意需要的处理（在 FETCH 语句之后，循环结束之前）。

 REPEAT 或 LOOP?   除了这里使用的 REPEAT 语句，MySQL 还支持 LOOP 语句，它可以用来重复执行代码，直到使用 LEAVE 语句手动退出为止。通常 REPEAT 语句的语法使它更适合于对游标进行循环。

为了把这些内容组织起来，下面给出了我们带有游标的存储过程样例的更进一步修改的版本，这次对取出的数据进行了某种实际的处理：

输入

```
DELIMITER //

CREATE PROCEDURE processorders()
BEGIN
    -- 声明局部变量
    DECLARE done BOOLEAN DEFAULT 0;
    DECLARE o INT;
    DECLARE t DECIMAL(8,2);

    -- 声明游标
    DECLARE ordernumbers CURSOR
    FOR
    SELECT order_num FROM orders;

    -- 声明继续处理程序
    DECLARE CONTINUE HANDLER FOR SQLSTATE '02000' SET done=1;

    -- 创建一张表来存储结果
    CREATE TABLE IF NOT EXISTS ordertotals
        (order_num INT, total DECIMAL(8,2));
```

```
-- 打开游标
OPEN ordernumbers;

-- 遍历所有行
REPEAT

    -- 获取订单号
    FETCH ordernumbers INTO o;

    -- 获取此订单的总金额
    CALL ordertotal(o, 1, t);

    -- 在 ordertotals 表中插入订单和总金额
    INSERT INTO ordertotals(order_num, total)
    VALUES(o, t);

-- 循环结束
UNTIL done END REPEAT;

-- 关闭游标
CLOSE ordernumbers;

END //

DELIMITER ;
```

分析　在这个例子中，我们增加了另一个名为 t 的变量（存储每笔订单的总金额）。此存储过程还在运行中创建了一张名为 ordertotals 的新表（如果不存在的话）。这张表将保存存储过程生成的结果。像以前一样，FETCH 语句会获取每个 order_num，然后用 CALL 语句执行另一个存储过程（第 23 章中创建的）来计算每笔订单的带税的总金额（结果存储在 t 中）。最后，用 INSERT 语句保存每笔订单的订单号和总金额。

　　现在可以使用 CALL 语句执行存储过程，如下所示：

输入
```
CALL processorders();
```

分析　此存储过程不返回数据，但它能够创建和填充另一张表，我们可以用一个简单的 SELECT 语句来查看该表：

输入
```
SELECT *
FROM ordertotals;
```

```
输出    +-----------+---------+
        | order_num | total   |
        +-----------+---------+
        |     20005 |  158.86 |
        |     20006 |   58.30 |
        |     20007 | 1060.00 |
        |     20008 |  132.50 |
        |     20009 |   40.78 |
        +-----------+---------+
```

这样，我们就得到了存储过程、游标、逐行处理以及存储过程调用其他存储过程的一个完整的工作样例。

24.3 小结

本章介绍了什么是游标以及为什么要使用游标。我们不仅列举了演示基本游标使用的例子，还讲解了对游标结果进行循环和逐行处理的技巧。

第 25 章

使用触发器

本章将介绍什么是触发器、为什么要使用触发器以及如何使用触发器。另外，我们还将学习创建和使用触发器的语法。

25.1 触发器

 需要 MySQL 5　对触发器的支持是在 MySQL 5 中增加的。因此，本章内容适用于 MySQL 5 及以上版本。

MySQL 语句需要人为触发才能执行，存储过程也是如此。但是，如果你希望某个语句（或某些语句）在事件发生时自动执行，该怎么办？例如：

- ❏ 每次将顾客添加到数据库表中时，都检查其电话号码格式是否正确，以及州的缩写是否为大写；
- ❏ 每次订购产品时，都从库存数量中减去订购的数量；
- ❏ 无论何时删除一行，都在某张存档表中保留一个副本。

所有这些例子的共同之处是它们都需要在某张表发生更改时自动处理。这确切地说就是触发器所做的工作。**触发器**是 MySQL 响应以下任意语句而自动执行的一个 MySQL 语句（或位于 BEGIN 语句和 END 语句之间的一组语句）：

- ❏ DELETE
- ❏ INSERT
- ❏ UPDATE

其他 MySQL 语句不支持触发器。

25.2   创建触发器

在创建触发器时，需要给出以下 4 条信息：

- ❏ 唯一的触发器名；
- ❏ 触发器关联的表；
- ❏ 触发器应该响应的活动（DELETE、INSERT 或 UPDATE）；
- ❏ 触发器何时执行（处理之前或之后）。

 保持每个数据库的触发器名唯一   与大多数 DBMS 不同，MySQL 要求每张表而不是每个数据库的触发器名必须唯一。这意味着同一数据库中的两张表可以有相同名称的触发器。

触发器用 CREATE TRIGGER 语句创建。下面是一个简单（并不是特别有用）的例子：

```
CREATE TRIGGER newproduct AFTER INSERT ON products
FOR EACH ROW SET @result = 1;
```

分析   CREATE TRIGGER 语句创建的是名为 newproduct 的新触发器。

触发器可以在一个操作发生之前或之后执行，这里给出了 AFTER INSERT，所以此触发器将在 INSERT 语句成功执行后执行。然后，触发器指定了 FOR EACH ROW 以及每插入一行时要执行的代码。在这个例子中，名为@result 的变量被设置为 1。

要测试这个触发器，可以使用 INSERT 语句将一行或多行数据添加到 products 中。然后可以使用 SELECT 语句来显示变量。

 仅表支持触发器   仅表支持触发器，视图则不支持（临时表也不支持）。

触发器是按时间、事件和表定义的，每张表的每个事件每次只允许有一个触发器。因此，每张表最多支持 6 个触发器（每个 INSERT、UPDATE

和 DELETE 的之前和之后）。[1] 单一触发器不能与多个事件或多张表关联，所以，如果你需要在 INSERT 操作和 UPDATE 操作时都执行触发器，则应该定义两个触发器。

> **触发器失败**　如果 BEFORE 触发器失败，则 MySQL 将不执行请求的操作。此外，如果 BEFORE 触发器或语句本身失败，则 MySQL 将不执行 AFTER 触发器（如果有的话）。

25.3　删除触发器

现在，删除触发器的语法应该很明显了。要删除一个触发器，可以使用 DROP TRIGGER 语句，如下所示：

输入

```
DROP TRIGGER newproduct;
```

分析　触发器不能更新或覆盖。要修改一个触发器，必须先删除它，然后再重新创建。

25.4　使用不同的触发器

介绍完触发器的基础知识，现在我们来看一下 MySQL 所支持的每种触发器类型以及它们之间的差别。

25.4.1　INSERT 触发器

INSERT 触发器在 INSERT 语句执行之前或之后执行。需要注意以下几点：

❑ 在 INSERT 触发器代码内，可以引用一张名为 NEW 的虚拟表来访问被插入的行；

❑ 在 BEFORE INSERT 触发器中，NEW 中的值也可以被更新（允许更改被插入的值）；

---

[1] 从 MySQL 5.7 开始，同一触发事件（INSERT、URDATE 和 DELETE）在同一触发时间（BEFORE 和 AFTER）允许创建多个触发器。——编者注

❑ 对于 AUTO_INCREMENT 列，NEW 在 INSERT 语句执行之前包含 0，
在 INSERT 语句执行之后包含新的自动生成值。

下面举一个例子（一个实际有用的例子）。vendors 表中有名为
vend_state 的一列，该列用于存储供应商状态（作为其地址的一部
分）。理想情况下，州的缩写应该是大写，比如 CA（而不是 ca 或 Ca）。
你可以要求用户始终正确地输入数据，但是，没错！使用触发器是一种
更好的方法：

输入

```
DELIMITER //

CREATE TRIGGER newvendor AFTER INSERT ON vendors
FOR EACH ROW
BEGIN
    UPDATE vendors SET vend_state=Upper(vend_state) WHERE
        vend_id = NEW.vend_id;
END //

DELIMITER ;
```

分析　此代码创建的是一个名为 newvendor 的触发器，它按照 AFTER
INSERT ON vendors 执行。当在 vendors 中保存新的供应商
时，NEW 会保存一份副本，NEW.vend_id 中包含新插入的供应商的 ID。
触发器包含一个 UPDATE 语句，该语句会用 Upper(vend_state) 更新
vend_state，并在 WHERE 子句中使用 NEW.vend_id，从而确保更新正
确的行。现在，无论用户输入什么，数据都将被正确存储。

要测试这个触发器，可以试着添加一个新供应商，然后使用 SELECT
语句验证 vend_state 是否确实已更新。

 BEFORE 或 AFTER？　通常，可以将 BEFORE 用于数据验证和
清理阶段（目的是保证插入表中的数据符合需求）。本提示也
适用于 UPDATE 触发器。

25.4.2　DELETE 触发器

DELETE 触发器在 DELETE 语句执行之前或之后执行。需要注意以下
两点：

- 在 DELETE 触发器代码内，你可以引用一张名为 OLD 的虚拟表来访问被删除的行；
- OLD 中的值全都是只读的，不能更新。

下面的例子演示了使用 OLD 将要被删除的行保存到一张存档表中：

```
DELIMITER //

CREATE TRIGGER deleteorder BEFORE DELETE ON orders
FOR EACH ROW
BEGIN
    INSERT INTO archive_orders(order_num,
                               order_date,
                               cust_id)
    VALUES(OLD.order_num,
           OLD.order_date,
           OLD.cust_id);
END//

DELIMITER ;
```

分析 在任意订单被删除前将执行此触发器。它使用一个 INSERT 语句将 OLD 中的值（要被删除的订单）保存到名为 archive_orders 的存档表中。（为实际使用这个例子，需要用与 orders 相同的列创建一张名为 archive_orders 的表。）

使用 BEFORE DELETE 触发器（相对于 AFTER DELETE 触发器来说）的优点是，如果由于某种原因，订单不能存档，则 DELETE 本身将会失败。

> **多语句触发器** 正如你所看到的，触发器 deleteorder 使用 BEGIN 语句和 END 语句标记触发器体。这在此例子中并不是必需的，不过也没有害处。使用 BEGIN END 块的好处是触发器能容纳多个 SQL 语句（在 BEGIN END 块中一个挨着一个）。

25.4.3 UPDATE 触发器

UPDATE 触发器在 UPDATE 语句执行之前或之后执行。需要注意以下几点：

❑ 在 UPDATE 触发器代码中，你可以引用一张名为 OLD 的虚拟表访问更新前（UPDATE 语句之前）的值，引用一张名为 NEW 的虚拟表访问更新后的值；

❑ 在 BEFORE UPDATE 触发器中，NEW 中的值也可以被更新，这样你就可以更改将要用于 UPDATE 语句中的值；

❑ OLD 中的值全都是只读的，不能更新。

下面的例子重新讨论了之前使用的 INSERT 示例，并保证州名缩写总是大写（不管 UPDATE 语句中给出的是大写还是小写）：

输入

```
DELIMITER //

CREATE TRIGGER updatevendor BEFORE UPDATE ON vendors
FOR EACH ROW
SET NEW.vend_state = Upper(NEW.vend_state) //

DELIMITER ;
```

分析　这个版本的工作方式与之前的版本略有不同。它不是保存行然后再进行更新，而是在使用 BEFORE UPDATE 之前进行数据清理。每次更新一行时，NEW.vend_state 中的值（将用来更新表行的值）都会被替换为 Upper(NEW.vend_state)。

25.5　关于触发器的进一步介绍

在结束本章之前，使用触发器时需要记住以下几点。

❑ 创建触发器可能需要特殊的安全访问权限，但是，触发器的执行是自动的。如果 INSERT 语句、UPDATE 语句或 DELETE 语句能够执行，则相关的触发器也能执行。

❑ 应该用触发器来保证数据的一致性（字母大小写、格式等）。在触发器中执行此类处理的优点是，它总是进行这种处理，而且透明地进行，与客户端应用程序无关。

❑ 触发器的一个非常有意义的用途是创建审计跟踪。使用触发器，把更改（如果需要，甚至还有之前和之后的状态）记录到另一张表中非常容易。

❑ 遗憾的是，MySQL 触发器中不支持 CALL 语句。这表示不能从触发器内调用存储过程。任何需要的存储过程代码都要复制到触发器内。

25.6 小结

本章介绍了什么是触发器以及为什么要使用触发器。我们不仅了解了触发器的类型以及何时可以执行它们，还看到了几个用于 INSERT 操作、DELETE 操作和 UPDATE 操作的触发器的例子。

第 26 章

管理事务处理

本章将介绍什么是事务处理以及如何利用 COMMIT 语句和 ROLLBACK 语句来管理事务处理。

26.1 事务处理

 并非所有引擎都支持事务处理 正如第 21 章所述，MySQL 支持几种基本的数据库引擎。正如本章将要介绍的，并非所有引擎都支持明确的事务处理管理。MyISAM 和 InnoDB 是两种最常使用的引擎。前者不支持明确的事务处理管理，后者则支持。这就是本书中使用的样例表是使用 InnoDB 而不是 MyISAM 创建的原因。如果你的应用程序中需要事务处理功能，则一定要使用正确的引擎类型。

事务处理（transaction processing）可以用来维护数据库的完整性，它保证成批的 MySQL 操作要么全部执行，要么全部不执行。

正如第 15 章所述，关系数据库设计把数据存储在多张表中，使数据更容易操作、维护和重用。不用深究关系数据库设计的来龙去脉，从某种程度上说，设计良好的数据库模式都是相互关联的。

前面我们使用过的 orders 表就是一个很好的例子。订单存储在 orders 和 orderitems 这两张表中：orders 存储实际的订单，orderitems 存储订购的各项物品。这两张表使用称为**主键**（参见第 1 章）的唯一 ID 互相关联，同时，它们又与包含顾客和产品信息的其他表相关联。

给系统添加订单的过程如下。

(1) 检查数据库中是否存在相应的顾客（从 customers 表中查询），如果不存在，就添加他/她。

(2) 检索顾客的 ID。

(3) 向 orders 表中添加一行，把它与顾客 ID 相关联。

(4) 检索 orders 表中赋予的新订单 ID。

(5) 对于订购的每项物品在 orderitems 表中添加一行，通过检索出来的 ID 把它与 orders 表相关联（以及通过产品 ID 与 products 表相关联）。

现在，假如由于某种数据库故障（比如磁盘空间不足、安全限制、表锁等）阻止了这个过程的完成。那么，数据库中的数据会出现什么情况？

如果故障发生在添加顾客之后但在添加 orders 表之前，则不会有什么问题。某些顾客没有订单是完全合法的。在重新执行此过程时，所插入的顾客记录将被检索和使用。我们可以有效地从出故障的地方开始执行此过程。

但是，如果故障发生在添加 orders 行之后但在添加 orderitems 行之前，该怎么办呢？现在你的数据库中会有一笔空订单。

更糟糕的是，如果系统在添加 orderitems 行的过程中出现故障，该怎么办呢？现在你的数据库中存在不完整的订单，但你自己还不知道。

如何解决这种问题？这里就需要使用**事务处理**了。事务处理是一种机制，用来管理必须成批执行的 MySQL 操作，以保证数据库不会包含不完整的操作结果。利用事务处理，可以保证一组操作不会中途停止，它们要么完全执行，要么完全不执行（除非显式指定了其他方式）。如果没有错误发生，那么整组语句就会提交给（写到）数据库表。如果发生错误，则进行回滚（撤销）以将数据库恢复到某个已知且安全的状态。

因此，还是之前的例子，这次我们会说明过程如何工作。

(1) 检查数据库中是否存在相应的顾客，如果不存在，就添加他/她。

(2) 提交顾客信息。

(3) 检索顾客的 ID。

(4) 向 orders 表中添加一行。

(5) 如果在向 orders 表中添加行时出现故障，则回滚。

(6) 检索 orders 表中赋予的新订单 ID。

(7) 对于订购的每项物品，向 orderitems 表中添加一行。

(8) 如果在向 orderitems 表中添加新行时出现故障，则回滚所有添加的 orderitems 行和 orders 行。

(9) 提交订单信息。

在使用事务和事务处理时，有几个关键词会反复出现。下面是关于事务处理需要知道的几个术语。

□ **事务**（transaction）：一组 SQL 语句。

□ **回滚**（rollback）：撤销指定 SQL 语句的过程。

□ **提交**（commit）：将未存储的 SQL 语句结果写入数据库表。

□ **保存点**（savepoint）：事务处理中设置的临时占位符（placeholder），可以对其进行回滚（与回滚整个事务处理不同）。

26.2 控制事务处理

知道什么是事务处理后，下面我们来讨论事务处理涉及什么。

此处的关键在于将 SQL 语句组分解为逻辑块，并明确规定数据何时应该回滚，何时不应该回滚。

MySQL 使用下面的语句来标识事务的开始。

```
START TRANSACTION;
```

26.2.1 使用 ROLLBACK

MySQL 的 ROLLBACK 命令用来回滚（撤销）MySQL 语句，请看下面的例子：

```
SELECT * FROM ordertotals;
START TRANSACTION;
DELETE FROM ordertotals;
SELECT * FROM ordertotals;
ROLLBACK;
SELECT * FROM ordertotals;
```

分析 当然，这并不是一个特别实用的例子，但它确实有助于演示 SQL 事务的逻辑流程。这个例子从显示 ordertotals 表（此表在第 24 章中填充）的内容开始。首先执行一个 SELECT 语句以显示该表不为空。然后开始一个事务处理，用一个 DELETE 语句删除 ordertotals 表中的所有行。另一个 SELECT 语句用于验证 ordertotals 表确实为空。这时用一个 ROLLBACK 语句回滚 START TRANSACTION 之后的所有语句，最后一个 SELECT 语句显示该表不为空。

显然，ROLLBACK 语句只能在一个事务内部使用（在执行一个 START TRANSACTION 命令之后）。

> 💡 **哪些语句可以回滚？** 事务处理用来管理 INSERT 语句、UPDATE 语句和 DELETE 语句。你不能回滚 SELECT 语句。（这样做也没有什么意义。）你也不能回滚 CREATE 语句或 DROP 语句。事务处理块中可以使用这两个语句，但如果你执行回滚，则它们不会被撤销。

26.2.2　使用 COMMIT

MySQL 语句通常直接执行并写入数据库表，这种自动发生的提交（写入或保存）操作称为隐式提交（implicit commit）。

但是，在事务处理块中，提交不会隐式发生。要进行明确的提交，需要使用 COMMIT 语句，如下所示：

 输入
```
START TRANSACTION;
DELETE FROM orderitems WHERE order_num = 20010;
DELETE FROM orders WHERE order_num = 20010;
COMMIT;
```

分析 在这个例子中，订单 20010 会被从系统中完全删除。因为这个操作涉及更新两张数据库表（orders 和 orderitems），所以使用事务处理块来保证订单不会被部分删除。你不希望数据从一张表中删除了，却未从另一张表中删除。最后的 COMMIT 语句仅在不出错时才会写入这一变更。如果第一个 DELETE 语句成功了，但第二个失败了，则 DELETE 操作不会被提交。相反，它会被有效地自动撤销。

隐式事务关闭 当 COMMIT 语句或 ROLLBACK 语句执行后，事务会自动关闭（将来的更改会隐式提交）。

26.2.3 使用保存点

简单的 ROLLBACK 语句和 COMMIT 语句就可以写入或回滚整个事务处理。不过，这只适用于简单的事务处理，更复杂的事务处理可能需要部分提交或回滚。

例如，前面描述的添加订单的过程就是一个事务处理。如果发生错误，那么只需返回到添加 orders 行之前即可，不需要回滚到 customers 表（如果存在的话）。

为了支持部分事务的回滚，必须能在事务处理块中合适的位置放置占位符。这样，如果需要回滚，就可以回滚到某个占位符。

这些占位符称为**保存点**。为了创建占位符，可以使用如下 SAVEPOINT 语句：

输入

```
SAVEPOINT delete1;
```

每个保存点都有一个唯一的名称来标识它，这样在回滚时，MySQL 就知道要回滚到哪个位置。要回滚到本例给出的保存点，可以使用如下语句。

输入

```
ROLLBACK TO delete1;
```

 保存点越多越好 可以在 MySQL 代码中设置任意多的保存点，越多越好。为什么呢？因为保存点越多，你就越能按自己的意愿灵活地进行回滚。

 释放保存点 保存点在事务处理完成后会自动释放（执行一个 ROLLBACK 语句或 COMMIT 语句）。自 MySQL 5 以来，也可以用 RELEASE SAVEPOINT 明确地释放保存点。

26.2.4 更改默认的提交行为

如前所述，默认的 MySQL 行为是自动提交所有更改。换句话说，任何时候你执行一个 MySQL 语句，该语句实际上会立即对表进行操作，而且所做的更改会立即生效。为了指示 MySQL 不自动提交更改，需要使用以下语句：

输入

```
SET autocommit=0;
```

分析   autocommit 标志决定是否自动提交更改，而无须手动执行 COMMIT 语句。将 autocommit 设置为 0（假）会指示 MySQL 不自动提交更改（直到 autocommit 被设置为 1 或真为止）。

 标志是连接专用的 autocommit 标志是针对每个连接而不是服务器的。

26.3 小结

本章介绍了事务处理是必须完整执行的 SQL 语句块。我们不仅学习了如何使用 COMMIT 语句和 ROLLBACK 语句对何时写数据、何时回滚进行明确的管理，还学习了如何使用保存点对回滚操作提供更强大的控制。

第 27 章

全球化和本地化

本章将介绍 MySQL 处理不同字符集和语言的基础知识。

27.1　字符集和校对顺序

数据库表被用来存储和检索数据。不同的语言和字符集需要以不同的方式存储和检索。因此，MySQL 需要适应不同的字符集（不同的字母和字符），以及不同的排序和检索数据的方法。

在讨论多种语言和字符集时，通常会涉及以下重要术语。

- ❑ **字符集**：字母和符号的集合。
- ❑ **编码**：某个字符集成员的内部表示。
- ❑ **校对**：规定字符如何比较的指令。

 为什么校对很重要　排序英文正文很容易，对吗？或许不对。考虑词 APE、apex 和 Apple。它们处于正确的排序顺序吗？这有赖于你是否想区分大小写。使用区分大小写的校对顺序，这些词有一种排序方式，而使用不区分大小写的校对顺序，这些词有另外一种排序方式。这不仅影响排序（比如用 ORDER BY 排序数据），还影响搜索（例如，寻找 apple 的 WHERE 子句是否能找到 APPLE）。在使用诸如法文 à 或德文 ö 之类的字符时，情况更复杂，而在使用不基于拉丁文的字符集（日文、希伯来文、俄文等）时，情况比前者还要复杂。

在 MySQL 的正常数据库活动（SELECT、INSERT 等）中，不需要操心太多的东西。实际上，关于使用何种字符集和校对的决定是在服务器、数据库和表级别进行的。

27.2 使用字符集和校对顺序

MySQL 支持众多的字符集。要查看 MySQL 所支持的字符集完整列表，可以使用以下语句：

输入

```
SHOW CHARACTER SET;
```

分析 这个语句用于显示所有可用的字符集以及每个字符集的描述和默认校对。

要查看所支持校对的完整列表，可以使用以下语句：

输入

```
SHOW COLLATION;
```

分析 这个语句用于显示所有可用的校对，以及它们适用的字符集。可以看到有的字符集具有不止一种校对。例如，latin1 对不同的欧洲语言有几种校对，而且许多校对会出现两次：一次区分大小写（由_cs 表示），一次不区分大小写（由_ci 表示）。

通常系统管理在安装时会定义默认的字符集和校对。此外，也可以在创建数据库时，指定默认的字符集和校对。为了确定所用的字符集和校对，可以使用以下语句：

输入

```
SHOW VARIABLES LIKE 'character%';
SHOW VARIABLES LIKE 'collation%';
```

实际上，字符集一般不在服务器级别或数据库级别设置。不同的表，甚至不同的列都可能需要不同的字符集，而且两者都可以在创建表时指定。

为了给表指定字符集和校对，可以使用带子句的 CREATE TABLE（参见第 21 章）：

输入

```
CREATE TABLE mytable
(
    column1    INT,
    column2    VARCHAR(10)
) DEFAULT CHARACTER SET hebrew
  COLLATE hebrew_general_ci;
```

分析　此语句创建的是一张包含两列的表，并且指定了一个字符集和一个校对顺序。

这个例子指定了 CHARACTER SET 和 COLLATE 这两者。但如果没有指定它们中的一个（或两者都没有指定），则 MySQL 会按以下方式确定使用哪个。

❑ 如果指定了 CHARACTER SET 和 COLLATE 这两者，那么就使用这些值。

❑ 如果只指定了 CHARACTER SET，则使用此字符集及其默认的校对（如 SHOW CHARACTER SET 的结果中所示）。

❑ 如果既没有指定 CHARACTER SET 也没有指定 COLLATE，则使用数据库的默认设置。

除了能在表级别指定字符集和校对，MySQL 还允许对每一列设置它们，如下所示：

输入
```
CREATE TABLE mytable
(
    column1    INT,
    column2    VARCHAR(10),
    column3    VARCHAR(10) CHARACTER SET latin1
                           COLLATE latin1_general_ci
) DEFAULT CHARACTER SET hebrew
  COLLATE hebrew_general_ci;
```

分析　这里对表以及特定的一列指定了 CHARACTER SET 和 COLLATE。

如前所述，校对在对用 ORDER BY 子句检索出来的数据排序时起重要作用。如果你需要用与创建表时不同的校对顺序排序特定的 SELECT 语句，可以在 SELECT 语句中指定所需的校对顺序：

输入
```
SELECT * FROM customers
ORDER BY lastname, firstname
    COLLATE latin1_general_cs;
```

分析　此 SELECT 语句使用 COLLATE 指定了一个非默认的校对顺序（在这个例子中是区分大小写的校对）。这显然会影响结果排序的次序。

临时区分大小写 上面的 SELECT 语句演示了在通常不区分大小写的表中进行区分大小写搜索的一种技巧。当然，反过来也是可以的。

 SELECT 语句的其他 COLLATE 子句 除了这里看到的在 ORDER BY 子句中使用，COLLATE 还可以用于 GROUP BY、HAVING、聚合函数、别名等。

最后，值得注意的是，如果确实需要，那么字符串可以在字符集之间进行转换。为此，可以使用 Cast()函数或 Convert()函数。

27.3 小结

在本章中，我们不仅学习了字符集和校对的基础知识，还学习了如何对特定的表和列定义字符集和校对，以及如何在需要时使用备用的校对。

第 28 章

安全管理

本章将学习 MySQL 的访问控制和用户管理。数据库服务器通常包含关键的数据，确保这些数据的安全和完整需要利用访问控制。

28.1 访问控制

MySQL 服务器的安全基础是：**用户应该对他们需要的数据具有适当的访问权限，既不能多也不能少**。换句话说，用户不应该有过多的数据访问权限。

考虑以下内容：

- 大多数用户只需要对表进行读和写，需要对表进行创建和删除的用户很少；
- 某些用户需要读取表，但可能不需要更新表；
- 你可能想允许用户添加数据，但不允许他们删除数据；
- 某些用户（管理员）可能需要处理用户账号的权限，但大多数用户不需要；
- 你可能想让用户通过存储过程访问数据，而不是直接访问；
- 你可能想根据用户登录的地点限制对某些功能的访问。

这些都只是例子，但有助于说明一个重要的事实，即你需要给用户提供他们所需的访问权限，且仅提供他们所需的访问权限。这就是所谓**访问控制**，管理访问控制需要创建和管理用户账号。

使用 MySQL Administrator   MySQL Workbench（参见第 2 章）提供了一个图形用户界面，以用于管理用户及账号权限。MySQL Workbench 在内部利用本章介绍的语句，使你能交互地、方便地管理访问控制。

回忆一下第 3 章的内容，我们知道，为了执行数据库操作，需要登录 MySQL。首次安装时，MySQL 会创建一个名为 root 的用户账号，它对整个 MySQL 服务器具有完全的控制。你可能已经在本书各章的学习中使用 root 进行过登录，这在对 MySQL 进行实验时是可以的。不过在现实世界的日常工作中，决不能使用 root。应该创建一系列的账号，有的用于管理，有的供用户使用，有的供开发人员使用，等等。

 防止无意的错误 值得注意的是，访问控制的目的不仅仅是防止用户的恶意企图。数据问题通常是由无意的错误、输入错误的 MySQL 语句、在错误的数据库中操作或其他一些用户错误造成的。通过保证用户不能执行他们不应该执行的语句，访问控制有助于避免这些情况的发生。

 不要使用 root 应该严肃对待 root 登录。仅在绝对需要时使用 root（或许在你不能登录其他管理账号时使用），不应该在日常的 MySQL 操作中使用它。

28.2 用户管理

MySQL 用户账号和信息存储在名为 mysql 的 MySQL 数据库中。通常我们不需要直接访问 mysql 数据库和表（稍后你会明白这一点），但有时可能需要这样做，比如当你想要获取所有用户账号的列表时。为此，可以使用以下代码：

 输入
```
USE mysql;
SELECT user FROM user;
```

 输出
```
+------+
| user |
+------+
| root |
+------+
```

分析 mysql 数据库中有一张名为 user 的表，它包含所有用户账号。user 表中有名为 user 的一列，它存储的是用户登录名。新安装的服务器可能只有一个用户（如本例所示）或几个默认账号，而过去建立的服务器可能具有更多的用户。

> 💡 **用多个客户端进行测试** 测试对用户账号和权限所做的更改的最好办法是打开多个数据库客户端（如 mysql 命令行工具的多个副本），一个使用管理员账号登录，其他的则以被测试的用户身份登录。

28.2.1 创建用户账号

要创建一个新用户账号，可以使用 CREATE USER 语句，如下所示：

输入

```
CREATE USER ben IDENTIFIED BY 'p@$$w0rd';
```

 分析 CREATE USER 语句用于创建一个新用户账号。在创建用户账号时不一定需要密码，不过这个例子用 IDENTIFIED BY 'p@$$w0rd' 给出了一个密码。

如果你再次列出用户账号，那么就会在输出中看到新账号。

> 💡 **指定哈希密码** IDENTIFIED BY 指定的密码为纯文本形式，MySQL 会在将密码保存到 user 表之前对其进行加密。为了将哈希值作为密码，可以使用 IDENTIFIED BY PASSWORD。

> **使用 GRANT 或 INSERT** GRANT 语句（稍后介绍）也可以创建用户账号，但一般来说 CREATE USER 是最直接和最简单的句子。此外，也可以通过将行直接插入到 user 表中来增加用户，不过为安全起见，通常不建议这样做。MySQL 用来存储用户账号信息的表（以及表结构等）极为重要，对它们的任何损坏都可能严重地影响 MySQL 服务器。因此，相对于直接操作来说，最好是用标记和函数来处理这些表。

要重新命名一个用户账号，可以使用 RENAME USER 语句，如下所示。

输入

```
RENAME USER ben TO bforta;
```

 MySQL 5 之前的版本　仅 MySQL 5 及以上版本支持 RENAME USER 语句。要在 MySQL 5 之前的版本中重命名一个用户，可以使用 UPDATE 语句直接更新 user 表。

28.2.2　删除用户账号

要删除一个用户账号（以及相关的权限），可以使用 DROP USER 语句，如下所示。

输入

```
DROP USER bforta;
```

 MySQL 5 之前的版本　自 MySQL 5 以来，DROP USER 语句用于删除用户账号和所有相关的账号权限。在 MySQL 5 之前的版本中，DROP USER 语句只能用于删除用户账号，不能删除相关的权限。因此，如果使用旧版本的 MySQL，则需要先用 REVOKE 语句回收与账号相关的权限，然后再用 DROP USER 语句删除账号。

28.2.3　设置访问权限

创建用户账号后必须分配访问权限。新创建的用户账号没有访问权限。他们能登录 MySQL，但不能看到数据，也不能执行任何数据库操作。

要查看授予用户账号的权限，可以使用 SHOW GRANTS FOR，如下所示：

输入

```
SHOW GRANTS FOR bforta;
```

输出

```
+----------------------------------------------------+
| Grants for bforta@%                                |
+----------------------------------------------------+
| GRANT USAGE ON *.* TO 'bforta'@'%'                 |
+----------------------------------------------------+
```

分析 输出结果显示用户 bforta 有一个权限 USAGE ON *.*。USAGE 表示**根本没有权限**（我知道，这不是很直观），所以，此结果意味着该用户对**任何数据库和表都没有权限**。

 用户被定义为 user@host MySQL 权限是通过用户名和主机名的组合来定义的。如果不指定主机名，则默认主机名为 %（这实际上允许用户从任何主机访问）。

要设置权限，可以使用 GRANT 语句。GRANT 要求你至少给出以下信息：

- ❑ 要授予的权限；
- ❑ 被授予访问权限的数据库或表；
- ❑ 用户名。

以下例子给出了 GRANT 的用法：

输入
```
GRANT SELECT ON crashcourse.* TO bforta;
```

分析 此 GRANT 允许用户在 crashcourse.*（crashcourse 数据库，包括其所有表）中使用 SELECT。通过只授予 SELECT 访问权限，用户 bforta 对 crashcourse 数据库中的所有数据具有只读访问权限。

SHOW GRANTS 可以反映这个更改：

输入
```
SHOW GRANTS FOR bforta;
```

输出
```
+---------------------------------------------------+
| Grants for bforta@%                               |
+---------------------------------------------------+
| GRANT USAGE ON *.* TO 'bforta'@'%'                |
| GRANT SELECT ON 'crashcourse'.* TO 'bforta'@'%'   |
+---------------------------------------------------+
```

分析 每个 GRANT 都会为用户添加（或更新）一个权限语句。MySQL 会读取所有授权，并根据它们确定权限。

GRANT 的反操作为 REVOKE，我们可以用它来回收特定的权限。下面举一个例子：

输入

```
REVOKE SELECT ON crashcourse.* FROM bforta;
```

分析 这个 REVOKE 语句可以回收刚授予用户 bforta 的 SELECT 访问权限。被回收的访问权限必须存在，否则会出错。

GRANT 和 REVOKE 可以在几个层次上控制访问权限：

- 整个服务器，使用 GRANT ALL 和 REVOKE ALL；
- 整个数据库，使用 ON database.*；
- 特定的表，使用 ON database.table；
- 特定的列；
- 特定的存储过程。

表 28-1 列出了可以授予或回收的每个权限。

表 28-1 权限

权 限	说 明
ALL	除 GRANT OPTION 外的所有权限
ALTER	使用 ALTER TABLE
ALTER ROUTINE	使用 ALTER PROCEDURE 和 DROP PROCEDURE
CREATE	使用 CREATE TABLE
CREATE ROUTINE	使用 CREATE PROCEDURE
CREATE TEMPORARY TABLES	使用 CREATE TEMPORARY TABLE
CREATE USER	使用 CREATE USER、DROP USER、RENAME USER 和 REVOKE ALL PRIVILEGES
CREATE VIEW	使用 CREATE VIEW
DELETE	使用 DELETE
DROP	使用 DROP TABLE
EXECUTE	使用 CALL 和存储过程
FILE	使用 SELECT INTO OUTFILE 和 LOAD DATA INFILE
GRANT OPTION	使用 GRANT 和 REVOKE
INDEX	使用 CREATE INDEX 和 DROP INDEX
INSERT	使用 INSERT
LOCK TABLES	使用 LOCK TABLES

（续）

权　　限	说　　明
PROCESS	使用 SHOW FULL PROCESSLIST
RELOAD	使用 FLUSH
REPLICATION CLIENT	查看复制状态信息
REPLICATION SLAVE	允许从库从主库获取并应用二进制日志
SELECT	使用 SELECT
SHOW DATABASES	使用 SHOW DATABASES
SHOW VIEW	使用 SHOW CREATE VIEW
SHUTDOWN	使用 mysqladmin shutdown（用来关闭 MySQL）
SUPER	使用 CHANGE MASTER、KILL、PURGE BINARY LOGS 和 SET GLOBAL，还允许 mysqladmin 调试登录
UPDATE	使用 UPDATE
USAGE	无访问权限

　　使用 GRANT 和 REVOKE，再结合表 28-1 中列出的权限，你可以完全控制用户对你的宝贵数据能做什么事情以及不能做什么事情。

未来的授权　在使用 GRANT 和 REVOKE 时，用户账号必须存在，但对所涉及的对象没有这个要求。这允许管理员在创建数据库和表之前设计和实现安全措施。

这样做的副作用是，当某个数据库或表被删除时（用 DROP 语句），相关的访问权限仍然存在。而且，如果将来重新创建该数据库或表，那么这些权限仍然起作用。

简化多次授权　可以通过列出各权限并用逗号分隔将多个 GRANT 语句串在一起，如下所示。

```
GRANT SELECT, INSERT ON crashcourse.* TO bforta;
```

28.2.4　更改密码

　　要更改用户密码，可以使用 SET PASSWORD 语句，如下所示：

| 输入 | `SET PASSWORD FOR bforta = 'n3w p@$$w0rd';` |

| 分析 | SET PASSWORD 用于更新用户密码。 |

你也可以使用 SET PASSWORD 来设置自己的密码：

| 输入 | `SET PASSWORD = 'n3w p@$$w0rd';` |

| 分析 | 在不指定用户名时，SET PASSWORD 可以更新当前登录用户的密码。 |

28.3 小结

本章学习了通过授予用户权限进行访问控制和保护 MySQL 服务器。

第 29 章

数据库维护

本章将学习如何进行常见的数据库维护。

29.1　备份数据

像所有数据一样，MySQL 的数据也必须经常备份。由于 MySQL 数据库是基于磁盘的文件，因此普通的备份系统和备份流程就能备份 MySQL 的数据。但是，由于这些文件总是处于打开和使用状态，因此普通的文件备份不一定总是有效。

下面列出了这个问题的可能解决方案。

❑ 使用命令行工具 mysqldump 将所有数据库内容导出到某个外部文件。

❑ 可以使用 MySQL 的 SELECT INTO OUTFILE 将所有数据转储到某个外部文件。这个语句接受将要创建的系统文件名，此系统文件必须不存在，否则会出错。数据可以用 LOAD DATA 来恢复。

 首先刷新未写入的数据　为了保证所有数据（包括索引数据）都写入磁盘，可能需要在进行备份前使用 FLUSH TABLES 语句。

29.2　进行数据库维护

MySQL 提供了一系列语句，这些语句可以（也应该）用来确保数据库的正确性和正常运行。

以下是你应该知道的一些语句。

❑ ANALYZE TABLE 用来更新表的统计信息。ANALYZE TABLE 可以返回状态信息，如下所示。

输入
```
ANALYZE TABLE orders;
```

输出
```
+-------------------+---------+----------+----------+
| Table             | Op      | Msg_type | Msg_text |
+-------------------+---------+----------+----------+
| crashcourse.orders | analyze | status   | OK       |
+-------------------+---------+----------+----------+
```

❑ CHECK TABLE 用于检查表中的各种问题。对于 MyISAM 表，还会检查索引。CHECK TABLE 支持一系列用于 MyISAM 表的模式。CHANGED 用于检查自最后一次检查以来改动过的表。EXTENDED 用于执行最全面的检查，FAST 只检查未正常关闭的表，MEDIUM 用于检查所有被删除的链接并进行键检验，QUICK 只进行快速扫描。在下面的例子中，CHECK TABLE 发现和修复了问题。

输入
```
USE crashcourse;
CHECK TABLE orders, orderitems;
```

输出
```
+-----------------------+-------+----------+----------------------+
| Table                 | Op    | Msg_type | Msg_text             |
+-----------------------+-------+----------+----------------------+
| crashcourse.orders    | check | status   | OK                   |
| crashcourse.orderitems | check | warning  | Table is marked as   |
|                       |       |          | crashed              |
| crashcourse.orderitems | check | status   | OK                   |
+-----------------------+-------+----------+----------------------+
```

❑ 如果 MyISAM 表访问产生不正确和不一致的结果，那么可能需要用 REPAIR TABLE 来修复相应的表。这个语句不应该经常使用，如果需要经常使用，则可能会有更大的问题要解决。

❑ 如果从一张表中删除大量数据，那么应该使用 OPTIMIZE TABLE 来收回所用的空间，从而优化表的性能。

29.3　诊断启动问题

服务器启动问题通常在对 MySQL 配置或服务器本身进行更改时出现。这个问题发生时 MySQL 会报告错误，但由于大多数 MySQL 服务器是作为系统进程或服务自动启动的，因此这些消息可能不会被看到。

在排除系统启动问题时，尝试先手动启动服务器。你可以通过在命令行上执行 mysqld 来启动 MySQL 服务器。下面是几个重要的 mysqld 命令行选项。

- ❑ --help：显示选项列表的帮助信息。
- ❑ --safe-mode：启动服务器时禁用某些优化。
- ❑ --verbose：显示详细的文本消息。可以与-help 一起使用，以获取更详细的帮助信息。
- ❑ --version：显示版本信息然后退出。

29.4 节中列出了几个额外的命令行选项（与日志文件的使用有关）。

29.4   查看日志文件

MySQL 维护了管理员依赖的一系列日志文件。主要的日志文件有以下几种。

- ❑ **错误日志**。它包含了启动和关闭问题以及任何严重错误的详细信息。此日志通常名为 hostname.err，位于 data 目录中。此日志名可用--log-error 命令行选项更改。
- ❑ **查询日志**。它记录了所有 MySQL 活动，在诊断问题时非常有用。此日志文件可能会很快就变得非常大，因此不应该长期使用。此日志通常名为 hostname.log，位于 data 目录中。此日志名可以用--log 命令行选项更改。
- ❑ **二进制日志**。它记录了更新过（或可能更新过）数据的所有语句。此日志通常名为 hostname-bin，位于 data 目录中。此日志名可以用--log-bin 命令行选项更改。注意，这个日志文件是 MySQL 5 中添加的，以前的 MySQL 版本中使用的是更新日志。
- ❑ **慢查询日志**。顾名思义，此日志记录了任何执行缓慢的查询。此日志可用于确定哪里需要进行数据库优化。此日志通常名为 hostname-slow.log，位于 data 目录中。此日志名可以用--log-slow-queries 命令行选项更改。

在使用日志时，可以用 FLUSH LOGS 语句来刷新和重新启动所有日志文件。

 使用 MySQL Workbench 进行数据库维护　本书主要使用 MySQL Workbench 来编写和执行 SQL 语句。但 MySQL Workbench 已经不再仅仅是一个 SQL 编辑器。实际上，服务器菜单和 Navigator 面板上的 Administration（管理）标签提供了对上述所有命令以及更多命令的交互式访问。

29.5　小结

本章介绍了 MySQL 数据库的某些维护工具和技术。

第 30 章

性能优化

本章将复习与 MySQL 性能有关的某些要点。

30.1　性能优化概览

数据库管理员会花费大量时间进行调整和实验以提高 DBMS 的性能。性能不佳的数据库以及数据库查询往往是诊断应用程序运行缓慢和性能问题时最常见的罪魁祸首。

可以看出，下面的内容绝非 MySQL 性能的最终解决方案。我们只是想回顾一下前面各章的重点，并为性能优化的探讨和分析提供一个起点。

❏ 首先，MySQL（与所有 DBMS 一样）具有特定的硬件建议。在学习和研究 MySQL 时，使用任何旧的计算机作为数据库服务器都可以。但对用于生产的服务器来说，应该坚持遵循这些硬件建议。

❏ 一般来说，关键的生产 DBMS 应该运行在自己的专用服务器上。

❏ MySQL 预配置了一系列默认设置，这通常是一个很好的起点。但过一段时间后你可能需要调整内存分配、缓冲区大小等。（要查看当前设置，可以使用 SHOW VARIABLES;和 SHOW STATUS;。）

❏ MySQL 是一个多用户多线程的 DBMS，换言之，它经常同时执行多个任务。如果这些任务中的某一个执行缓慢，则所有请求都会受到影响。如果你遇到异常的性能问题，则可以使用 SHOW PROCESSLIST 显示所有活动进程以及它们的线程 ID 和执行时间。你还可以用 KILL 命令终结某个特定的线程（使用这个命令需要作为管理员登录）。

❏ 几乎总是有不止一种方法来编写同一个 SELECT 语句。尝试使用连接、UNION、子查询等，以找出最佳的方法。

❑ 使用 EXPLAIN 语句让 MySQL 解释它将如何执行一个 SELECT
语句。

❑ 一般来说，存储过程的执行速度比逐个执行 MySQL 语句快。

❑ 应该总是使用正确的数据类型。

❑ 决不要检索比需求还要多的数据。例如，不要使用 SELECT *（除
非你真正需要每一列）。

❑ 在导入数据时，应该关闭自动提交。你可能还想删除索引（包括
FULLTEXT 索引），然后在导入完成后再重建它们。

❑ 数据库表必须建立索引以提高数据检索性能。对什么列建立索引
并不是一件简单的任务，需要分析使用过的 SELECT 语句，并查
找重复的 WHERE 子句和 ORDER BY 子句。如果一个简单的 WHERE
子句返回结果所花的时间过长，则可以断定其中使用的一列（或
几列）就是需要索引的对象。

❑ 你的 SELECT 语句中有一系列复杂的 OR 条件吗？通过使用多个
SELECT 语句和 UNION 语句连接它们，你能看到极大的性能
改进。

❑ 索引虽然可以提高数据检索性能，但也会影响数据插入、删除和
更新的性能。如果你有一些收集数据且不经常被搜索的表，不要
急于为它们创建索引，除非确实有必要。（可以根据需要添加和
删除索引。）

❑ LIKE 很慢。一般来说，最好是使用 FULLTEXT 而不是 LIKE。

❑ 数据库是不断变化的实体。一组优化良好的表可能过一段时间后
就面目全非了。随着表的使用和内容的变化，理想的优化和配置
也会改变。

❑ 最重要的规则就是，每条规则在某些条件下都会被打破。

 浏览文档　位于 http://dev.mysql.com/doc/ 的 MySQL 官方文档
有许多提示和技巧（甚至有用户提供的评论和反馈）。一定要
查看这些非常有价值的资料。

30.2   小结

本章回顾了与 MySQL 性能有关的某些提示和说明。当然，这只是一小部分，不过，既然你已经完成了本书的学习，那么你应该能实验和掌握自己觉得最适合的内容。

MySQL 入门

如果你是 MySQL 的初学者，那么本附录是一些需要知道的基础知识。

A.1 你需要什么

为了开始使用 MySQL 并跟随本书各章进行学习，你需要访问 MySQL 服务器以及客户端应用程序（用来访问服务器的软件）副本。

你不一定需要自己安装 MySQL 数据库，但需要访问服务器。基本上有以下两种选择。

- 访问一个已有的 MySQL 服务器，或许是你的公司或许是商用的或院校的服务器。要使用这个服务器，你需要获得一个服务器账号（一个登录名和一个密码）。
- 你可以下载并安装免费的 MySQL 服务器副本到你自己的计算机上。（MySQL 支持所有主要平台，包括 Windows、Linux 和 macOS。）

如果条件允许，就安装一个本地服务器　为了得到完全的控制，包括访问你使用别人的 MySQL 服务器可能得不到授权的命令和特性，你应该安装自己的本地服务器。即使你最终没有使用本地服务器作为你的生产环境 DBMS，你也能从完全无限制地访问服务器所提供的所有功能中受益。

不管是否使用本地服务器，你都需要客户端软件（用来实际运行 MySQL 命令的程序）。最容易得到的客户端软件是 `mysql` 命令行工具（包含在每个 MySQL 安装包中）。你还应该安装官方提供的 MySQL 图形界面工具，即 MySQL Workbench，这将是你与 MySQL 交互的主要工具。

A.2   获得软件

为了学习更多的 MySQL 知识，请访问 MySQL 官方网站。

为了下载服务器的一个副本，请访问 http://dev.mysql.com/downloads/。为了学习本书中的知识，建议下载和安装 MySQL 8（或以上版本）。具体的下载随平台的不同而不同，但它有清晰的解释。

MySQL Workbench 可能不会作为 MySQL 的核心部分安装。如有需要，可以从 http://dev.mysql.com/downloads/下载。

A.3   安装软件

如果你要安装一个本地 MySQL 服务器，那么应该在安装可选的 MySQL 实用程序之前进行。安装过程因平台而异，但所有安装都会提示你输入必要的信息，包括：

- ❑ 安装位置（通常用默认位置即可）；
- ❑ root 用户的密码；
- ❑ 端口、服务或进程名等，一般来说，如果你不确定要指定什么，可以使用默认值。

> **MySQL 服务器的多个副本**　MySQL 服务器的多个副本可以安装在单台机器上，只要每个服务器使用不同的端口即可。

A.4   各章准备

在安装了 MySQL 之后，你可以阅读第 3 章，了解如何登录和退出服务器，以及如何执行命令。

本书各章将使用真实的 MySQL 语句和真实的数据。附录 B 描述了本书中使用的样例表，说明了如何获得和使用创建和填充表的脚本。

样 例 表

本附录将简要描述本书中所用的表及它们的用途。

编写 SQL 语句需要对底层数据库的设计有良好的理解。如果你不知道什么信息存储在什么表中、表之间如何相互关联以及行内数据如何分解，则不可能编写出高效的 SQL。

建议你实际尝试本书中每章的每个例子。各章都使用相同的一组数据文件。为了帮助你更好地理解这些例子并掌握各章介绍的内容，本附录描述了所用的表、表之间的关系以及如何获取它们。

B.1 样例表

本书中使用的样例表是一个虚构的订单录入系统的一部分，该系统用于一家分销商，其提供你最喜欢的卡通角色可能需要的各种物品（是的，卡通角色，学习 MySQL 也可以很有趣）。这些表用来完成以下几个任务：

- ❑ 管理供应商；
- ❑ 管理产品目录；
- ❑ 管理顾客列表；
- ❑ 录入顾客订单。

要完成这几个任务，需要使用 6 张表，这些表在关系数据库设计中紧密相连。6.2 节描述了这 6 张表。

> **简化的例子** 这里使用的表并不完整。现实中的订单录入系统必须记录这里没有包含的大量其他数据（比如报酬和记账信息、发货跟踪信息等）。不过，这些表演示了你在大多数实际安装中会遇到的各种数据的组织和关系。你可以把这些方法和技巧应用到自己的数据库中。

B.2　表的描述

6.2.1 节~6.2.6 节分别介绍了本书中使用的 6 张表以及每张表中的列。

 表的列出顺序　6 张表之所以要用这里的次序列出，是因为它们之间的依赖关系。因为 products 表依赖于 vendors 表，所以先列出 vendors，以此类推。

B.2.1　vendors 表

vendors 表存储的是销售产品的供应商的数据。每个供应商在这张表中有一个记录，供应商 ID（vend_id）列用来匹配产品和供应商。表 B-1 展示了 vendors 表的列。

表 B-1　vendors 表的列

列	说　　明
vend_id	唯一的供应商 ID
vend_name	供应商名称
vend_address	供应商的地址
vend_city	供应商所在城市
vend_state	供应商所在州
vend_zip	供应商地址邮政编码
vend_country	供应商所在国家

所有表都应该有主键。例如，这张表使用 vend_id 作为主键。vend_id 是一个自增字段。

B.2.2　products 表

products 表包含的是产品目录，每行一个产品。每个产品有唯一的 ID（prod_id 列），通过 vend_id（供应商的唯一 ID）关联到它的供应商。表 B-2 展示了 products 表的列。

表 B-2　products 表的列

列	说　　明
prod_id	唯一的产品 ID
vend_id	产品供应商 ID（关联到 vendors 表中的 vend_id）
prod_name	产品名称
prod_price	产品价格
prod_desc	产品描述

所有表都应该有主键。例如，这张表使用 prod_id 作为主键。

为实施引用完整性，应该在 vend_id 上定义一个外键，并关联到 vendors 表中的 vend_id。

B.2.3　customers 表

customers 表存储的是所有顾客的信息。每个顾客有唯一的 ID（在 cust_id 列中）。表 B-3 展示了 customers 表的列。

表 B-3　customers 表的列

列	说　　明
cust_id	唯一的顾客 ID
cust_name	顾客名称
cust_address	顾客的地址
cust_city	顾客所在城市
cust_state	顾客所在州
cust_zip	顾客地址邮政编码
cust_country	顾客所在国家
cust_contact	顾客的联系人姓名
cust_email	顾客电子邮件地址

所有表都应该有主键。例如，这张表使用 cust_id 作为主键。cust_id 是一个自增字段。

B.2.4　orders 表

orders 表存储的是顾客订单（但不是订单详情）。每笔订单都有一个唯一的编号（在 order_num 列中），订单用 cust_id 列（关联到 customer 表中的顾客的唯一 ID）与相应的顾客关联。表 B-4 展示了 orders 表的列。

表 B-4   orders 表的列

列	说　明
order_num	唯一订单号
order_date	订单日期
cust_id	订单顾客 ID（关联到 customers 表中的 cust_id）

所有表都应该有主键。例如，这张表使用 order_num 作为主键。order_num 是一个自增字段。

为实施引用完整性，应该在 cust_id 上定义一个外键，并关联到 customers 表中的 cust_id。

B.2.5　orderitems 表

orderitems 表存储的是每笔订单中的实际物品，每笔订单的每项物品占一行。对 orders 中的每一行，orderitems 中有一行或多行。每项订单物品由订单号加订单物品（第一项物品、第二项物品等）唯一标识。订单物品通过 order_num 列（关联到 orders 中订单的唯一 ID）与它们相应的订单相关联。此外，每个订单项包含订单物品的产品 ID（将物品与 products 表关联起来）。表 B-5 展示了 orderitems 表的列。

表 B-5　orderitems 表的列

列	说　明
order_num	订单号（关联到 orders 表中的 order_num）
order_item	订单物品号（在某笔订单中按顺序排列）
prod_id	产品 ID（关联到 products 表中的 prod_id）
quantity	物品数量
item_price	物品价格

所有表都应该有主键。例如，这张表使用 order_num 和 order_item 作为主键。

为实施引用完整性，应该在 order_num 上定义外键，将其关联到 orders 表中的 order_num，并在 prod_id 上定义外键，将其关联到 products 表中的 prod_id。

B.2.6　productnotes 表

productnotes 表存储的是与特定产品有关的注释。有的产品可能没有相关的注释，而有的产品可能有多个相关的注释。表 B-6 展示了 productnotes 表的列。

表 B-6　productnotes 表的列

列	说　　明
note_id	唯一注释 ID
prod_id	产品 ID（对应于 products 表中的 prod_id）
note_date	增加注释的日期
note_text	注释文本

所有表都应该有主键。例如，这张表使用 note_id 作为主键。

note_text 列必须创建 FULLTEXT 索引以进行全文搜索。

B.2.7　创建样例表

要跟随本书中的示例进行学习，你需要一组填充了数据的表。你可以在 http://forta.com/books/0138223025/ 上找到所有必要的内容。

创建样例表有如下两种方法。

❑ 最简单的方法是使用 MySQL 数据导入。这是一个简单的交互式过程，将创建数据库并完全填充它（与你备份和恢复数据库的方式大致相同）。

❑ 你可以手动创建数据库，然后运行两个 SQL 脚本来先创建表，再填充数据。

下面具体描述了这两种方法。不要同时使用两者，选择其一。如果你使用的是 MySQL Workbench，那么建议使用第一种方法。

B.2.8 使用数据导入

 仅限 MySQL 8 这里使用的数据导出文件旨在与 MySQL 8 一起使用，没有用更早的 MySQL 版本进行测试。

MySQL 允许导入和导出整个数据库。你可以从本书的网页下载一个导出文件，然后按照以下步骤简单导入。

(1) 下载数据导出文件并将其保存在你的计算机上的某个位置。

(2) 在 MySQL Workbench 中，单击左侧 Navigator 面板上的 Administration 标签。

(3) 选择 Data Import/Restore。

(4) 当显示数据导入界面时，选择 Import from Self-Contained File，然后选择你在第(1)步中保存的数据导出文件。

(5) 单击 Start Import 按钮，以创建并完全填充 crashcourse 数据库。

新的 crashcourse 数据库现在应该显示在 Navigator 面板上的 Schemas 标签中。

B.2.9 使用 SQL 脚本

 仅限 MySQL 这里用于创建样例表的脚本和文件是 DBMS 专用的，它们仅用于 MySQL。

这些脚本已经在从 MySQL 4.1 到 MySQL 8 中进行了广泛的测试，但没有用更早的 MySQL 版本进行测试。

本书（英文版）网页包含了两个可以下载的 SQL 脚本文件。

❑ create.sql 包含创建 6 张数据库表（包括所有主键和外键约束）的 MySQL 语句。

❑ populate.sql 包含用来填充这些表的 INSERT 语句。

在下载了脚本后，可以用它们来创建和填充本书各章中所用的表。以下是要遵循的步骤。

(1) 创建一个新数据源（为安全考虑，不要使用已有的数据源）。最简单的办法是使用 MySQL Workbench（参见第 2 章）。

(2) 单击 Create a new schema 按钮（从左边数第 4 个，一个带+的圆柱体图标），或者在 Navigator 面板上选择 Schema 标签，右键单击并选择 Create Schema。

(3) 将新模式命名为 crashcourse。可以忽略所有其他字段。单击 Apply 以创建新数据库。

(4) 如果使用 MySQL Workbench（如果正在使用，它将以粗体显示），那么请双击新的数据源；如果使用 mysql 命令行工具，那么请使用 USE 命令。

(5) 使用 MySQL Workbench 或 mysql 执行 create.sql 脚本。如果使用 MySQL Workbench，那么请选择 File→Open SQL Script→create.sql，然后单击 Execute 按钮（一个闪电图标）；如果使用 mysql 命令行工具，则可以执行 source create.sql;（指定 create.sql 文件的绝对路径）。

(6) 使用 MySQL Workbench 或 mysql 执行 populate.sql 脚本。重复第(5)步的操作来填充新表。

创建，然后填充　必须在运行表填充脚本之前运行表创建脚本。一定要查看这些脚本返回的错误消息。如果创建脚本失败，则在进行表填充之前需要解决可能存在的问题。

现在你应该可以顺利开始了！

附录 C

MySQL 语句的语法

为了帮助读者在需要时找到相应语句的语法，本附录将列举最常使用的 MySQL 操作的语法。每个语句以简要的描述开始，然后再给出相应的语法。为了方便起见，本附录还提供了到特定语句所在章节的交叉引用。

在阅读语句语法时，应该记住以下约定。

- ❑ |符号用于表示几个选项之一，因此 NULL|NOT NULL 表示可以指定 NULL 或 NOT NULL。
- ❑ 包含在方括号中的关键字或子句（如[like this]）是可选的。
- ❑ 这里不会列出所有的 MySQL 语句，也不会列出每个子句和选项。

C.1 ALTER TABLE

ALTER TABLE 用来修改现有表的表结构。要创建新表，应该使用 CREATE TABLE。详细信息请参阅第 21 章。

输入
```
ALTER TABLE tablename
(
    ADD column datatype [NULL|NOT NULL] [CONSTRAINTS],
    CHANGE column columns datatype [NULL|NOT NULL] [CONSTRAINTS],
    DROP column,
    ...
);
```

C.2 COMMIT

COMMIT 用来将事务写到数据库中。详细信息请参阅第 26 章。

输入
```
COMMIT;
```

C.3　CREATE INDEX

CREATE INDEX 用于在一列或多列上创建索引。详细信息请参阅第 21 章。

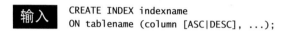

```
CREATE INDEX indexname
ON tablename (column [ASC|DESC], ...);
```

C.4　CREATE PROCEDURE

CREATE PROCEDURE 用于创建存储过程。详细信息请参阅第 23 章。

```
CREATE PROCEDURE procedurename( [parameters] )
BEGIN
...
END;
```

C.5　CREATE TABLE

CREATE TABLE 用于创建新表。要修改现有表的表结构，可以使用 ALTER TABLE。详细信息请参阅第 21 章。

```
CREATE TABLE tablename
(
        Column datatype [NULL|NOT NULL] [CONSTRAINTS],
        Column datatype [NULL|NOT NULL] [CONSTRAINTS],
        ...
);
```

C.6　CREATE USER

CREATE USER 用于向系统中添加新的用户账号。详细信息请参阅第 28 章。

```
CREATE USER username[@hostname]
[IDENTIFIED BY [PASSWORD] 'password'];
```

C.7　CREATE VIEW

CREATE VIEW 用于创建一张或多张表中的新视图。详细信息请参阅第 22 章。

```
CREATE [OR REPLACE] VIEW viewname
AS
SELECT ...;
```

C.8　DELETE

DELETE 用于从表中删除一行或多行。详细信息请参阅第 20 章。

```
DELETE FROM tablename
[WHERE ...];
```

C.9　DROP

DROP 用于永久地删除数据库对象（表、视图、索引等）。详细信息请参阅第 21 章、第 22 章、第 23 章、第 24 章、第 26 章和第 28 章。

```
DROP DATABASE|INDEX|PROCEDURE|TABLE|TRIGGER|USER|VIEW
    itemname;
```

C.10　INSERT

INSERT 用于给表增加一行。详细信息请参阅第 19 章。

```
INSERT INTO tablename [(columns, ...)]
VALUES(values, ...);
```

C.11　INSERT SELECT

INSERT SELECT 用于将 SELECT 的结果插入到一张表中。详细信息请参阅第 19 章。

```
INSERT INTO tablename [(columns, ...)]
SELECT columns, ... FROM tablename, ...
[WHERE ...];
```

C.12　ROLLBACK

ROLLBACK 用于回滚一个事务处理块。详细信息请参阅第 26 章。

输入
```
ROLLBACK [ TO savepointname];
```

C.13　SAVEPOINT

SAVEPOINT 用于定义一个保存点，以便与 ROLLBACK 语句一起使用。详细信息请参阅第 26 章。

输入
```
SAVEPOINT sp1;
```

C.14　SELECT

SELECT 用于从一张或多张表（或视图）中检索数据。更多的基本信息请参阅第 4 章、第 5 章和第 6 章（第 4 章 ~ 第 17 章都与 SELECT 有关）。

输入
```
SELECT columnname, ...
FROM tablename, ...
[WHERE ...]
[UNION ...]
[GROUP BY ...]
[HAVING ...]
[ORDER BY ...];
```

C.15　START TRANSACTION

START TRANSACTION 用于启动一个新的事务块。详细信息请参阅第 26 章。

输入
```
START TRANSACTION;
```

C.16　UPDATE

UPDATE 用于更新表中的一行或多行。详细信息请参阅第 20 章。

```
UPDATE tablename
SET columnname = value, ...
[WHERE ...];
```

MySQL 数据类型

本附录将介绍 MySQL 中不同的数据类型。

正如第 1 章所述，数据类型是定义列中可以存储什么数据以及该数据实际怎样存储的基本规则。

数据类型用于以下目的。

- 数据类型允许限制可存储在列中的数据。例如，数值数据类型列只能接受数值。
- 数据类型允许在内部更有效地存储数据。例如，可以用一种比文本字符串更简洁的格式存储数值和日期时间值。
- 数据类型允许变换排列顺序。如果所有数据都作为字符串处理，则 1 位于 10 之前，而 10 又位于 2 之前（字符串以字典顺序排序，从左边开始比较，一次一个字符）。而作为数值数据类型时，数值将按正确顺序排序。

在设计表时，应该特别重视所用的数据类型。使用错误的数据类型可能会严重地影响应用程序的功能和性能。更改包含数据的列不是一件小事（而且这样做可能会导致数据丢失）。

本附录虽然不是关于数据类型及其如何使用的一份完整的教材，但介绍了 MySQL 主要的数据类型和用途。

D.1　字符串数据类型

最常用的数据类型是字符串数据类型。它们用于存储字符串，比如名字、地址、电话号码、邮政编码等。有两种基本的字符串数据类型，分别为定长字符串和变长字符串，如表 D-1 所示。

表 D-1　字符串数据类型

数据类型	说　明
CHAR	1～255 个字符的定长字符串。它的长度必须在创建时指定，否则 MySQL 会假定为 CHAR(1)
ENUM	枚举类型，枚举值的最大个数是 65 535
LONGTEXT	与 TEXT 相同，但最大长度为 4 GB
MEDIUMTEXT	与 TEXT 相同，但最大长度为 16 MB
SET	集合类型，集合元素的最大个数是 64
TEXT	最大长度为 64 KB 的变长文本
TINYTEXT	与 TEXT 相同，但最大长度为 255 字节
VARCHAR	与 CHAR 相同，都是用来存储字符串，只不过 CHAR 是定长，VARCHAR 是变长

定长字符串接受长度固定的字符串，其长度是在创建表时指定的。例如，名字列可允许 30 个字符，而社会安全号列可允许 11 个字符（允许的字符数目中包括两个破折号）。定长列不允许多于指定的字符数目。它们分配的存储空间与指定的一样多。因此，如果字符串 Ben 存储在 30 个字符的名字字段中，则存储的是完整的 30 字节。CHAR 属于定长字符串类型。

变长字符串存储的是可变长度的文本。有些变长数据类型具有最大的定长，有些则是完全变长的。不管是哪种，只有指定的数据会得到保存（额外的数据不会被保存）。TEXT 属于变长字符串类型。

既然变长数据类型如此灵活，那为什么还要使用定长数据类型？答案是因为性能。MySQL 处理定长列远比处理变长列快得多。此外，MySQL 不允许对变长列（或一列的可变部分）进行索引。这也会极大地影响性能。

 使用引号　不管使用何种形式的字符串数据类型，字符串值都必须括在引号内（通常单引号更好）。

 当数值不是数值时　你可能会认为电话号码和邮政编码应该存储在数值字段中（数值字段只存储数值数据），其实这样做是不可取的。如果在数值字段中存储邮政编码 01234，则保存的将是数值 1234，实际上丢失了一位数字。

> 需要遵守的基本规则是：如果数值是计算（求和、平均等）中使用的数值，则应该存储在数值数据类型列中；如果作为字符串（可能只包含数字）使用，则应该存储在字符串数据类型列中。

D.2　数值数据类型

数值数据类型用于存储数值。MySQL 支持多种数值数据类型，每种数据类型可以存储不同范围的数值。显然，支持的取值范围越大，所需存储空间就越多。此外，有的数值数据类型支持使用小数点和小数，有的则只支持整数。表 D-2 中列出了常用的 MySQL 数值数据类型。

表 D-2　数值数据类型

数据类型	说　明
BIGINT	整数值，支持−9 223 372 036 854 775 808 ~ 9 223 372 036 854 775 807（如果是 UNSIGNED，则为 0 ~ 18 446 744 073 709 551 615）的数
BIT	位字段，1 ~ 64 位（在 MySQL 5 之前，BIT 在功能上等价于 TINYINT
BOOLEAN（或 BOOL）	布尔标志，或者为 0 或者为 1，主要用于开/关（on/off）标志
DECIMAL（或 DEC）	精度可变的浮点值
DOUBLE	双精度浮点值
FLOAT	单精度浮点值
INT（或 INTEGER）	整数值，支持−2 147 483 648 ~ 2 147 483 647（如果是 UNSIGNED，则为 0 ~ 4 294 967 295）的数
MEDIUMINT	整数值，支持−8 388 608 ~ 8 388 607（如果是 UNSIGNED，则为 0 ~ 16 777 215）的数
REAL	4 字节的浮点值
SMALLINT	整数值，支持−32 768 ~ 32 767（如果是 UNSIGNED，则为 0 ~ 65 535）的数
TINYINT	整数值，支持−128 ~ 127（如果是 UNSIGNED，则为 0 ~ 255）的数

有符号或无符号 所有数值数据类型（除 BIT 和 BOOLEAN 外）都可以有符号或无符号。有符号数值列可以存储正或负的数值，无符号数值列只能存储正数。默认情况为有符号，如果你知道自己不需要存储负值，则可以使用 UNSIGNED 关键字，这样做将允许你存储两倍大小的值。

 不使用引号 与字符串不一样，数值不应该括在引号内。

 存储货币数据类型 MySQL 中没有专门存储货币的数据类型，一般情况下使用 DECIMAL(8, 2)。

D.3 日期和时间数据类型

MySQL 使用专门的数据类型来存储日期和时间值，如表 D-3 所示。

表 D-3 日期和时间数据类型

数据类型	说 明
DATE	表示 1000-01-01 ~ 9999-12-31 的日期，格式为 YYYY-MM-DD
DATETIME	DATE 和 TIME 的组合
TIMESTAMP	功能和 DATETIME 相同（但范围较小）
TIME	格式为 HH:MM:SS
YEAR	用 2 位数字表示，范围是 70（1970 年）~ 69（2069 年）；用 4 位数字表示，范围是 1901 年 ~ 2155 年

D.4 二进制数据类型

二进制数据类型可以存储任何数据（甚至包括二进制信息），比如图像、多媒体、字处理文档等，如表 D-4 所示。

表 D-4 二进制数据类型

数据类型	说　明
BLOB	Blob 最大长度为 64 KB
MEDIUMBLOB	Blob 最大长度为 16 MB
LONGBLOB	Blob 最大长度为 4 GB
TINYBLOB	Blob 最大长度为 255 字节

 数据类型对比　如果你想看一个使用不同数据类型的例子，请查看附录 B 中描述的样例表创建脚本。

附录 E

MySQL 关键字

本附录将列出 MySQL 关键字，它们是用于执行 SQL 操作的特殊词汇。在命名数据库、表、列和其他数据库对象时，一定不要使用这些关键字。这些关键字被视为保留字。

ACTION	CREATE	ELSEIF
ADD	CROSS	ENCLOSED
ALL	CURRENT_DATE	ENUM
ALTER	CURRENT_TIME	ESCAPED
ANALYZE	CURRENT_TIMESTAMP	EXISTS
AND	CURRENT_USER	EXIT
AS	CURSOR	EXPLAIN
ASC	DATABASE	FALSE
ASENSITIVE	DATABASES	FETCH
BEFORE	DATE	FLOAT
BETWEEN	DAY_HOUR	FOR
BIGINT	DAY_MICROSECOND	FORCE
BINARY	DAY_MINUTE	FOREIGN
BIT	DAY_SECOND	FROM
BLOB	DEC	FULLTEXT
BOTH	DECIMAL	GOTO
BY	DECLARE	GRANT
CALL	DEFAULT	GROUP
CASCADE	DELAYED	HAVING
CASE	DELETE	HIGH_PRIORITY
CHANGE	DESC	HOUR_MICROSECOND
CHAR	DESCRIBE	HOUR_MINUTE
CHARACTER	DETERMINISTIC	HOUR_SECOND
CHECK	DISTINCT	IF
COLLATE	DISTINCTROW	IGNORE
COLUMN	DIV	IN
CONDITION	DOUBLE	INDEX
CONNECTION	DROP	INFILE
CONSTRAINT	DUAL	INNER
CONTINUE	EACH	INOUT
CONVERT	ELSE	INSENSITIVE

INSERT	OPTION	SQLSTATE
INT	OPTIONALLY	SQLWARNING
INTEGER	OR	SSL
INTERVAL	ORDER	STARTING
INTO	OUT	STRAIGHT_JOIN
IS	OUTER	TABLE
ITERATE	OUTFILE	TERMINATED
JOIN	PRECISION	TEXT
KEY	PRIMARY	THEN
KEYS	PROCEDURE	TIME
KILL	PURGE	TIMESTAMP
LEADING	READ	TINYBLOB
LEAVE	READS	TINYINT
LEFT	REAL	TINYTEXT
LIKE	REFERENCES	TO
LIMIT	REGEXP	TRAILING
LINES	RELEASE	TRIGGER
LOAD	RENAME	TRUE
LOCALTIME	REPEAT	UNDO
LOCALTIMESTAMP	REPLACE	UNION
LOCK	REQUIRE	UNIQUE
LONG	RESTRICT	UNLOCK
LONGBLOB	RETURN	UNSIGNED
LONGTEXT	REVOKE	UPDATE
LOOP	RIGHT	USAGE
LOW_PRIORITY	RLIKE	USE
MATCH	SCHEMA	USING
MEDIUMBLOB	SCHEMAS	UTC_DATE
MEDIUMINT	SECOND_MICROSECOND	UTC_TIME
MEDIUMTEXT	SELECT	UTC_TIMESTAMP
MIDDLEINT	SENSITIVE	VALUES
MINUTE_MICROSECOND	SEPARATOR	VARBINARY
MINUTE_SECOND	SET	VARCHAR
MOD	SHOW	VARCHARACTER
MODIFIES	SMALLINT	VARYING
NATURAL	SONAME	WHEN
NO	SPATIAL	WHERE
NO_WRITE_TO_BINLOG	SPECIFIC	WHILE
NOT	SQL	WITH
NULL	SQL_BIG_RESULT	WRITE
NUMERIC	SQL_CALC_FOUND_ROWS	XOR
ON	SQL_SMALL_RESULT	YEAR_MONTH
OPTIMIZE	SQLEXCEPTION	ZEROFILL

版 权 声 明